音を追究する

大橋理枝・佐藤仁美

音を追究する（'16）

©2016　大橋理枝・佐藤仁美

装丁・ブックデザイン：畑中　猛

s-37

まえがき

　1分間，目を閉じてみて下さい。
　どんな音が，聞こえるでしょうか？
　　・・・
　目を開けてみて下さい。
　どのような音が，耳の奥に残っているでしょうか？

　もちろん，皆さん一人ひとりが居る環境・時間などによって，どんな音が聞こえていたかは違うでしょう。そして，その中でどの音を覚えているかも一人ひとり違ってきます。また，積極的に聞きたいと思う音やできれば避けたいと感じる音も，人によって違います。つまり，音に対する姿勢は，私たち一人ひとり異なるのです。

　また，私たちは，特に意識しなくても音が「耳に入ってくる」と感じることもある一方で，積極的に音を「聴く」ために耳をそばだてることもあります。さらに，私たちは，自ら音を作り出すこともあります。手を叩く，声を出す，といったような身体の一部を使う以外にも，音を鳴らすための道具を使ったり，わざわざ音が鳴るように物を作ったりもします。音は私たちの創造的営みの一部でさえあるといえそうです。

　いずれにしても，私たちの多くにとって，音は毎日の生活の中の一部となっています。

　春の日の午後の，子供たちが遊んでいる公園で，
　夏の日の夜の，花火大会の会場で，
　秋の日の夕暮の，植込みのある道端で，
　冬の日の朝の，ヤカンのお湯が沸いている台所で，

それぞれ，どんな音がしているか，想像してみて下さい。

おそらく，私たちの多くは，それぞれの場面でどのような音がしているかを想像できると思いますし，前記の場面で私たちが想像した音はある程度の範囲内で共通しているだろうと思います。それは，私たちが同じ文化圏で生活しているからこそだといえるでしょう。文化の一環として生活の一部になっているものについては，普段私たちは改めて意識することはほとんどありません。私たちは普段，音が聞こえる仕組みや，音というものの本質などについて，特に気にしないで生活しています。

この本では，執筆者六人の専門分野に関連する観点に基づき，様々な角度から音についてアプローチしています。物理学・生理学・心理学・音楽学・音響学・言語学・社会学などの観点が登場しますが，どの分野にとっても音は大変興味深いテーマです。観点が多いということは，皆さんにとって馴染み深いものもそうでないものもあるということにもなるかもしれませんが，まずは音というものについてこれだけ多くの観点から考えることができるのだということを楽しんで下さい。そして，皆さん一人ひとりにとっての"音"を見つけ，追究してみて下さい。

さて，最後まで受講された時，
皆さんには，どんな"音"が残っているでしょうか？
どんな"音"を，鳴り響かせているでしょうか？
あなたにとっての"音"とは，何でしょうか？

2015年10月

大橋理枝・佐藤仁美

この場をお借りして，この科目の印刷教材及び放送教材の制作にご協力下さった皆様方に心より感謝申し上げます。

目次

まえがき　　大橋理枝・佐藤仁美　3

1 音との付き合い
大橋理枝・岸根順一郎・佐藤仁美・高松晃子・亀川徹・坂井素思　10

1. 音の一日　10
2. 本書の概要と基礎概念　12
3. 音との付き合い　21

2 音とはなにか
岸根順一郎　23

1. 音という現象　23
2. 音の科学史　27
3. 空気バネと音圧　30

3 音の知覚・認知・認識
佐藤仁美　37

1. 音を捉える・感じとる　37
2. 耳のメカニズムと機能と神経信号・脳への伝達　37
3. 聞こえ　44
4. 聞こえの問題〜正常と異常〜　46

4 音の感覚と心理的要素
佐藤仁美　52

1. 音の感じ方とその影響　52
2. 共感覚　57
3. その他の聴覚的現象　62

5　物理的な音　　　　　　　　　　岸根順一郎　65

1. 振動と波動　65
2. 波の足し算：重ね合わせの原理　69
3. 音の3要素：大きさ，高さ，音色　72
4. 位相と干渉　74
5. 音速の起源　78

6　楽　器　　　　　　　　　　　　高松晃子　80

1. 楽器を分類する　80
2. 生きものから生きものへ　83
3. 楽器の発達　86
4. 波の話　90
5. 音を並べる　91
6. 音を合わせる—ブレンドか自己主張か　94

7　声　　　　　　　　　　　　　　高松晃子　99

1. 「よい声」へと均質化される多様な声　99
2. 歌う声の多様性　102
3. なりすます声　105
4. 声と言葉　108

8　縦の音・横の音　　　　　　　　高松晃子　114

1. 音楽の縦と横　114
2. 縦と横の力関係　118
3. 縦のきまり—協和と不協和　123
4. 横のきまり　125
5. 縦でも横でもない　128

9 音の響き　　　　　　　　　　　　　　　　　　　亀川　徹　133

1. 響きとは？　133
2. 吸音と遮音　134
3. 自由音場と拡散音場　136
4. 残響時間　138
5. シューボックスとヴィニヤード　139
6. ステージ上の音響　141
7. 最適残響時間と残響可変　142
8. 拡散形状　145
9. 練習室などの小空間の響き　146
10. 音楽と響き　147

10 音の記録と再生　　　　　　　　　　　　　　　　亀川　徹　150

1. 身の周りの音　150
2. 録音技術の歴史　151
3. マイクロホンとスピーカー　156
4. 録音とミキシング　162
5. 立体音響　166
6. 実際の録音にあたって注意すべきこと　169
7. 録音技術と音楽　170

11 「言語」という音　　　　　　　　　　　　　　　大橋理枝　174

1. 言語音　174
2. ことばの音　182
3. 音としての言葉　186

12 | 伝える音 　　　　　　　　　　| 大橋理枝　190

1. 音を表現することば　190
2. コミュニケーションに使う音　198
3. メッセージとしての音　201

13 | 社会の音 　　　　　　　　　　| 坂井素思　208

1. 「共同体の音」という現象　208
2. 「共同体の音」としての「鐘の音」　210
3. 集団に対する音の感性支配力　211
4. 「鐘の音」にはどのような特性があるのだろうか　214
5. 「鐘の音」の同空間性と聴覚空間　215
6. 「鐘の音」の介在性とシンボル性　218
7. 共同資源としての「鐘の音」　222

14 | 騒　音 　　　　　　　　　　| 坂井素思　226

1. 近代社会と「騒音あるいは雑音（ノイズ）」　226
2. カーライルと漱石の騒音体験　229
3. 騒音の社会化：どのような種類の騒音が存在するのか　231
4. 騒音（ノイズ）とは何か　236
5. なぜ騒音は増加したのか　238

15 音の世界　　　｜　大橋理枝・佐藤仁美　244

1. 聞こえる音　244
2. 聞くべき音　246
3. 聞けてしまう音　247
4. 聞かせる音　249
5. 処方される音　250
6. 調和される音　252
7. 黙された音〜音の本質〜　254

索　引　258

1 | 音との付き合い

大橋理枝・岸根順一郎・佐藤仁美・高松晃子・亀川徹・坂井素思

《目標＆ポイント》 この教材で扱う内容を概観するとともに，各章を理解するために前提として知っていることが必要な概念を学ぶ。
《キーワード》 音波，振動，聞こえ，選択的知覚，周期性，合奏，度，声，音響，録音，再生，言語，音声，メッセージ，鐘，響き，騒音

1. 音の一日

　カラスの鳴き声がする。外はもう明るいみたい。最寄り駅の電車の発車ベルが聞こえる。あのメロディは5番線の電車。と思っているとお気に入りの音楽のメロディで目覚ましが鳴る。朝食は昨日の夜の残りをレンジでチンして，パンはトースターで焼く。トースターと電子レンジがほぼ同時にチンといったけど，そういえば「チンする」という言い方は電子レンジにしか使わないなあ。いつものメロディを流しながらゴミ収集車が来る。今日は何のゴミの日だっけ？集めるゴミ別に違うメロディにしてくれればいいのに。まあ，メロディを流しながら来てくれるだけ有り難いけど。前に住んでいた所では何の音も鳴らしてくれなかったから。

　友だちに指定した着信音で携帯電話が鳴る。この友だちはいつも早口でよく聞き取れないことがある。それにしても，何で朝っぱらからそんなにテンションが高いんだ。今度はメールの着信音。返事を書きながら，そういえば私はいつもキーボードを打つ音がうるさいといわれるのを思

い出す。周りが静かになると，いつもならお昼にどこかの教会の鐘が鳴るのに，今日はなぜか聞こえない。雷がゴロゴロ鳴っている。雨が降るのかなあ。降り出す前にお昼を食べてこよう。

　今日のランチは新しいお店に行ってみようかな。お店のドアを開けると，ドアのベルがチリンと鳴っているのと同時に，「いらっしゃいませ」といわれる。何だかベルにこだわっているお店らしくて，店員さんを呼ぶ時は卓上のベルを鳴らせという。ベルを鳴らして人を呼ぶのは何だか呼びつけているみたいで気が引けるから普通に呼んでみるけど来てくれない。ベルにしか注意していないのかなあ？それにしても，このお店でかかっている音楽は，ちょっと耳障り。

　夜は趣味でやっているアマチュアオーケストラの練習に行くために出掛ける。本を読んでいると電車の音は気にならないけど，毎回この電車に乗って「トウカイチバ」駅のアナウンスを聞くとすごく不思議な気がする。最初聞いた時は「東海千葉」と聞こえたのに，駅名表示を見たら「十日市場」なんだから。それにしても，練習場所の街で5時半に鳴る「夕焼け小焼け」のメロディは，どうしてこんなに物悲しくなるような曲を流すのだろうとはずっと前から思っている。

　朝電話で話した友だちと駅で待ち合わせ。さっきからザーザー雨が降り出したから，車で拾ってくれるのは有り難い。でも，お喋りをしていると，危うく救急車のサイレンまで聞き逃しそうになる。今日の練習会場は本番と同じホールだから，いつもの練習会場とは全然響きが違う。オルガンは演奏会当日まで借りられないからいつもどおりシンセサイザーで代用だけど，今日は歌のソリストさんや合唱が入っていつもと雰囲気が違う。ちょっと緊張してちゃんと音が出せないと，「合っていない！」と指揮者にいわれる。私は舞台の中央で演奏しているから，舞台の両端の人と合わせるのは大変。みんなが指揮者を向いて演奏していて，

お互いの方を向いていないので，どうしても音のタイミングがずれてしまう。アマチュアだから仕方ないのかなあ。おまけにホールは残響もあるし，いつもと勝手が違うしで，今日の練習は散々。後で録音を聞いてじっくり反省しなきゃ。それにしても，私のスマホでちゃんと録れるのかなあ？

でも，練習の後の飲み会は楽しい。「今日のソプラノのソロ，オルガンの春陽の輝く光の中で，クリームイエローの小鳥がさえずっているようだったね。」「そうそう，それからあのバイオリン！ターコイズブルーの海の中にいるようだったよ。」・・・あれ？私の後ろの席で誰かが私の話をしている。何を話しているんだろう？気になる。

帰ってきてからさっきの録音を聞いてみる。スマホのままじゃよく聞こえないから，パソコンに音を送って再生するけど，かなり歪んで聞こえる。やっぱりスマホで録音するのは無理なのかな？それとも，性能のいいスピーカーをパソコンにつなげばいいのかな？そんなこんなでもうかなり遅い時間。というときに道の向かい側のドラッグストアに商品搬入のトラックが来る。引っ越してきたばかりのときはこの搬入の音がうるさくて仕方なかったけど，今はもう気にならない。このまま眠れると思う。お休みなさいませ。

このように，私たちは一日の中で様々な音に接しながら生活している。この「音」というものが果たして何なのかを，様々な角度から探ってみようというのが本書の趣旨である。

2. 本書の概要と基礎概念

上記の「音の一日」の内容と関連させながら，各章で扱う内容を概観

するとともに，必要に応じてそれぞれの章を理解するために必要な前提となる概念を述べていく。

　第2章では音の実体について説明する。「音の一日」で聞こえた様々な音は，物理の眼で見ると全て単に空気の振動が伝わる現象，つまり音波だ。例えばハ長調の「ラ」の音は440ヘルツの音波だ。こういってしまうと何とも無味乾燥に聞こえる。だいたい「きれいな音」とはいうが「きれいな音波」とはいわない。しかし，音が誕生する場というのは，例外なく「振動する物体」なのだ。人間の声もカラスの鳴き声も，車の騒音も全て何かが振動することで生じる。そして，その振動が源泉となって周囲の空気を振動させる。この振動が伝言ゲームのように空気中を伝わっていく。振動が伝わる現象は「波」と呼ばれる。空気に限らず，物体の振動が伝わっていくのが「音波」だ。音波が人間の耳に入り，脳で知覚されると「音」になる。物理的な音波が豊かな音になるのだ。音波は空気の振動だから，その本質を探るには空気の本性を知る必要がある。そうなると必然的に原子や分子といったミクロな世界に立ち入らねばならない。この遠近法的な自然探究は楽しい旅路である。音波の本性を探った後，人間の脳が音の大きさをどう捉えているのかというテーマを扱う。音を巡る科学研究の歴史にも触れる。

　第3章では，第2章で理解した「音」というものを人間が知覚する際に経るプロセスについて述べる。「音の一日」の中にあった，音が聞こえるというのはどういうことなのか，また聞こえないというのはどういうことなのかを含め，生理学的な面から論じる。「音の一日」冒頭の"カラスの鳴き声"や"最寄り駅の電車の発車ベル"は，聴力的に問題がなければ，意識してもしなくても私たちの耳に聞こえてくるものである。そして，"カラスの鳴き声"や"最寄り駅の電車の発車ベル"と認識できる機能を，私たちは持っている。

外部刺激（外界から取り込まれ、五感を通して知覚されるもの全てを含めて「刺激」と呼ぶ）を受ける人間の受容器官は、主に、目（視覚）・耳（聴覚）・口（味覚）鼻（嗅覚）・皮膚（触覚）からなる。目や口においては、瞼を閉じて見ないようにしたり、口を閉じたりして、外部からの刺激を遮断しようと意識して試みれば、遮断することが可能である。しかし、耳は、耳の穴に蓋をする機能がないため、防音室や防音壁に囲まれたりするなどの工夫をしない限り、自ずと音刺激が入ってきてしまう。これらの人間の耳の構造から始まり、その音刺激を神経信号に変換し、脳に伝え、音として捉える仕組みを本章では取り上げている。

　先に述べた「聴力的に問題がなければ、意識してもしなくても私たちの耳に聞こえてくる」現象には、"聞こえ"という聴力的な物理的要因と、"意識するかしないか"といった選択性の心理的要因が関わってくる。第3章では、物理的に測り得る"聞こえ"（聴力）を取り上げ、第4章の心理学的"聞こえ"につなげていく。

　第4章では、音が聞こえる過程を踏まえた上で、それが人にどのような影響を与えるかについて論じる。「音の一日」の中で、特定のメロディを「耳障り」だと感じたり「物悲しい」と感じたりするのはなぜなのかを、心理学的観点から論じる。「耳障り」だと感じたり「物悲しい」と感じたりするのは、人によっては感じたり感じなかったり、その個人差も大きい。「音の一日」に何度もでてくる"うるさい"と感じることも、人により感じ方が異なり、音の好みなども影響し、個人差が大きい。この個人差には、個々人の好みや価値観、環境的要因、生育的要因など、様々な要因が考えられている。

　また、「音の一日」後半、オケの練習後の会話に中にある「今日のソプラノのソロ、オルガンの春陽の輝く光の中で、クリームイエローの小鳥がさえずっているようだったね。」「そうそう、それからあのバイオリ

ン！ターコイズブルーの海の中にいるようだったよ。」に起こっている現象には，考えられる要因がいくつか含まれている。発言者は，本当に音に対して光や色を見ているのか，それとも，見えているように感じるイメージなのか，想像なのか，たとえなのか？音刺激とともに光や色などを同時に感じる現象に共感覚というものがあり，これには，様々な感覚の組み合わせがある。本章では，音と色を中心に共感覚にもアプローチしていく。

第5章では，第2章で論じた音の性質について，さらに考察を加える。「音の一日」の中にあった，音色の異なる楽器を重ね合わせると，音としてはどのようなことが起こるのか，なぜ舞台の両端で吹いている楽器と合わせるのが難しいのかなどを，物理的な面から解明する。大切な視点は，物理的な「音波」がいかにしてかくも豊かな「音」に化けるのかということだ。これは，ウィルスもケーキも人間の体も星も全てが100種類余りの元素から組みあがっている事実と似ている。基本的な要素が単純でも，これらが組み合わさることで多様性が現れる。そもそも「きれいな楽音」と「騒音や雑音」はどう違うのか。一言でいうなら，規則正しい周期性を持つ音波は楽音になり，周期性を持たない音波は雑音になる。さらに，周期性のパターン（波形）によって様々な「音色」が生じる。現在では，音を録音して波形を描くフリーソフトも容易に入手できる時代だ。身の周りの音を片っ端から分析してみるのも面白いだろう。2つの波が重なると新しい波ができる。これもまた波の持つ本質的な性質だ。ピアノとバイオリンの音色の違いは，基本的ないくつかの波の重なり方の違いに由来する。第5章では，こうした話題を物理の視点から解説する。

第6章では，楽器の基本的な仕組みや分類法，それを演奏することについて音楽学の立場から論じる。「音の一日」の主人公がアマチュア

オーケストラで担当している楽器は，どうやらファゴットのようである。練習している曲は何だろう。歌のソリストや合唱，そしてオルガンが入っているところをみると，なかなかの大作である。「オルガン」といっても，昔懐かしい足踏みオルガンから荘厳なパイプオルガンまで様々な種類があるが，「当日まで借りられない」ということはやはりパイプオルガンなのであろう。このパイプオルガン，じつは主人公が担当するファゴットと分類上では同じ仲間になる。見た目も大きさも全く異なるのになぜ？と思われる方は，第6章をお読みいただきたい。

第7章では，人間自身を発音体とする鳴り響き，つまり「声」について，音楽学的に考える。「音の一日」の主人公宅の家電は「チン」と合図を送るようだが，最近のモノたちはよく喋る。「お風呂がわきました」「グリルの温度が高くなっています」などなど。しかも，どれも似たような「いい声」ではないか。いよいよモノも没個性化する時代なのか，はたまたこれが「様式にふさわしい声」なのだろうか。様式といえば，「音の一日」の中でソリストや合唱の人たちが行っている歌唱は，もちろん西洋式の発声と発音で行われているはずで，全員地声発声だったり，歌舞伎的発音だったりするわけではないと断言できる。そう，私たちには，様式に合った声の出し方や言葉のいい方について何となくでも経験知があるので，期待と違う声が聞こえると違和感をもって反応することができるのだ。では，地声と裏声は何が違うのだろうか。また，日本の音楽独特の発音はどういう点で特徴的なのだろうか。さらに，歌詞を伴う声と歌詞を伴わない声にはどのような機能の違いがあり，聴き手にどのような効果をもたらすのだろうか。

さて，「音の一日」に登場するファゴット奏者は，指揮者に「合っていない」と指摘されて困惑気味である。そもそも，「合っている」とか「合っていない」という判断は，何をどう聞いて下されているのだろう。

タイミング，音の高さ，響きのバランス…，オーケストラのファゴット奏者としてはこのあたりのことをぐるぐる考えるであろうが，別の音楽文化ではどうだろう。このファゴット吹きは，みんなが指揮者の方を向いていて，お互いを見ていないから合わないのかもしれないと感じているようだが，では，全員前を向いたまま一糸乱れぬ演奏をする長唄連中は，いったいどうやって合わせているのだろうか。「縦の音，横の音」と題する第8章では，私たちが何となく感じている合う合わないの美的感覚がどのように生ずるか，ということについて考えてみたい。

　なお，この章には，音と音との隔たりを表す「音程」という概念が出てくるので，ここで簡単に解説しておこう。音程は「度」という単位で表す。度数の数え方だが，まずピアノの白鍵だけを思い浮かべたときに隣り合っている鍵盤の2音の距離が「2度」，そこから順に1つ離れるたびに3度，4度…，となる。「ド」を基準に考えると，ドとレの間が2度，ドとミの間が3度，ドとラの間なら6度となる。臨時記号があってもかまわず「ド」「レ」「ミ」と指折り数えてみよう。度数を正確に表すには，「長」「短」「完全」あるいは「増」「減」といった，種類を表す語を付加して，「長3度」とか「完全5度」などという必要がある。詳しくは楽典の本を参考にしていただきたいのだが，第8章に出てくる，中世以来協和音程とされてきた音程は「完全」音程である。「完全」は，1度，4度，5度，8度にしか付かない言葉で，完全1度は同音，完全4度は全音2つと半音1つ，完全5度は全音3つと半音1つ，完全8度は1オクターブの広がりを持つ音程となる。

　第9章では，室内の音響について考える。「音の一日」の中で，なぜホールの響きが違うように感じられたのかなどを，音響学の観点から解明する。いつもの演奏会場とホールとで聞こえ方が違うのはどうしてか？またホールによっても音の良いホールや良くないホールといわれる

のはなぜだろうか？また同じホールの中でも，客席によって音が違って聞こえるのはどうしてなのだろう。演奏しているステージ上で聞いている音と，ホールの客席で聞こえている音は違っているのだろうか？ステージ上で出された音が，壁や床，天井を伝わってどのようにわれわれの耳に届いていくかについて理解しながら，音の響きについて考える。

第10章では，音の記録と再生について考える。「音の一日」の中で疑念が出ていた，スマートフォンで演奏を録音するということを音響学の観点から説明する。最近はスマートフォンでスナップ写真を撮るように簡単に録音することができる。そもそも録音とはどのような仕組みでできるのか？良い音で録音するためには，どういう点に気を付けなければならないのか？録音の歴史をたどりながら，マイクロホンの仕組みやデジタル録音の概要について理解を深め，録音技術によって音楽がどのように変わってきたかについて理解する。

第11章では，言語を話す際にはどのような過程を経るのかを概観する。人間は肺に取り入れた空気を気管を通して吐き出すが，その際に声帯を振動させることで声を発生させ，舌や唇を使ってその声を加工することによって言語を話すための音声を作る。言葉を話すために用いられる音声のことを言語音と呼ぶが，「音の一日」の中にあったように友だちと会話をするような場合，私たちはどのように体の器官を使って言語音をつくり出しているのかを，音声学や音韻論の観点から説明する。さらに，日本語で使われる音は日本語話者によってどのようなまとまりで捉えられているのかについても考察する。さらに，日本語を実際に話す際に起こる音の変化や，「東海千葉／十日市場」のような聞き間違いは何が原因で生じるのかを考える。

第12章では，私たちは何を伝えるものとして音を聞いているのかを検討する。音を表現することばを擬音語というが，「音の一日」の中で使

われていた「チン」「チリン」「ゴロゴロ」「ザーザー」ということばも擬音語である。第12章ではこの擬音語について，言語的及び文化的な面から扱う。また，私たちはコミュニケーションをしているときに話し方からかなり多くの情報を得ているが，具体的にどのような情報が得られるのかについて，「非言語音声コミュニケーション」（音声は使うが言語は使わないコミュニケーション）の観点から論じる。そのことが「音の一日」に出てきた友だちのテンションが高いという印象がどこから感じられるのかを解明するカギとなろう。さらに，「音の一日」にも出てきた電車の発車ベルや救急車のサイレンのように人為的に鳴らしている音はどのようなメッセージとして機能するのかについても，人への命令・警告・周知などの観点から論じ，第13章で論じられる共同体の中での音の意味を考える際の土台を作る。

　第13章では，地域で聞くことのできる警告音や情報音としてのベルやサイレンの響きについての社会的な役割を論じる。「音の一日」の中にあった教会の鐘の音や5時半を知らせるメロディが持つ意味合いなどについて，社会的な観点から考察する。これらのチャイム音やゴング音（寺の鐘）やベル音（教会の鐘）についての人間の歴史をたどると，音の送り手と受け手との間で「呼応関係」を発達させてきたのを見ることができる。とりわけ注目できるのが，「共同体の音」である。寺の鐘，港町の霧笛，消防・救急車のサイレン，花火大会の音，祭りの音，時報の鐘などで，これらの音は，共同体の同地域に，同時的に，共通に提供され，これに応える形で共同体の人びとに受け入れられ，同時に共同体の同一性が確かめられてきた。これらの音がうまく働けば，共同体の共通資源として，人びとの公共に役立つものとなる。音は人と人を結び付ける役割を持っており，組織論でいうところのいわゆる「オーケストラ効果」を持つことがある。事例として，江戸時代の「時の鐘」などを取

り上げて，いかに音の社会的な関係を発達させたかについて見ていく。

　第14章では，機械音や産業音などからの「騒音」について検討する。「音の一日」の中で「うるさい」と感じられた音がなぜ「うるさい」のかなどについて，社会文化的な観点から論じる。騒音の歴史は，人間社会の近代化の歴史とほぼ重なる。産業化の過程で，機械音，工場音，交通音などを増大させてきた。騒音問題についても，送り手が関係する騒音と受け手が関係する騒音とが存在し，この騒音問題も社会の中で生ずる問題と考えられる。送り手に関係する騒音に対しては，「音の大きさ（音圧）」を測り，量的で客観的な基準に従って規制を行う方法が主としてとられる傾向を示している。また，受け手に関係する騒音に対しては，「望ましくない音」という，質的で主観的な基準に従って，規制を行う方法がとられてきている。いずれにしても，「うるさい」という音の基準は相対的なものであって，厳密に絶対的な騒音の規制基準は存在しない。けれども，たとえ相対的な基準であっても，人びとの苦情を調査して，それをフィードバックさせ，制度へ反映させていくことによって，その音が騒音であるか否かを決定していく必要があるだろう。とりわけ，健康を損なうような騒音は防止していく必要があるが，さらに現代のように，低周波騒音のように，聞こえない騒音も存在するような事態の中では，社会文化に照らして，人びとの間で騒音とは何かについて，絶えず知識を新たにし，議論を深めることが重要となってきている。

　第15章では第2章から第14章までで扱われてきたことを踏まえつつ，まとめとして音の諸相について述べる。意識しなくても耳に入る「聞こえる音」，ある社会の中で特定の意味付けがなされている「聞くべき音」，本人が必ずしも意図しなくても一定の聞こえ方で聞こえてしまうような「聞けてしまう音」，ある文化の中で純粋に音を楽しむために立てられる「聞かせる音」，さらには積極的に人の状態に介入する手段として用

いられる音である「処方される音」，身の周りの音の和を指向する「調和される音」，そして音の究極的な形ともいえる「黙された音」などの観点から，音についてもう一度俯瞰してみたい。

3. 音との付き合い

　私たちは外部からの刺激を選択的に知覚している。視覚刺激の例を挙げれば，この本を読んでいるときには文字が印刷されているページの紙の漉きの粗細などは目に入らないだろう。実際には文字と一緒に視覚刺激として感知されているはずだが，刺激としては私たちにとって意味のあるものとは認識されないので意識に上らないのである。同様に聴覚刺激の例を挙げれば，読書や計算などに集中したときに周りの音が気にならなくなるという経験を持つ人は多いだろう。そのような場合，読書や計算に集中するに伴って周りの音が消えていくわけではもちろんなく，私たちが刺激を処理する過程で周りの音という聴覚刺激が意識に上らなくなるのである。私たちは自分にとってどの音が意味のある（すなわち着目すべき）聴覚刺激であり，どの音はそうでないのかを，意識的にも無意識的にも峻別しながら生きている。

　本書の目的は，読者の方々がこれまで聞こえていなかった音に耳をそばだてるようになることではない。「聞こえていない音」は「聞かなくてもよい音」である場合が多く，それらを聞くようになってしまうとかえって煩わしい場合も少なくない。本書の目的はこれまでにも「聞こえていた」音について，多角的な面から理解していただく点にある。次章以降で述べられる内容を学ぶことを通じて，より楽しく音と付き合っていただきたい。

演習問題

1. 自分にとっての「音の一日」を振り返ってみよう。
2. 自分が普段注意して聞いている音にはどのようなものがあるか考えてみよう。

2 | 音とはなにか

岸根順一郎

《目標＆ポイント》「音の研究」といえば「音楽の研究」を思い浮かべる方が多いだろう。しかし，音が生まれ，空間を伝わり，私たちの耳に届く直前までの過程，つまり音が音楽になる直前までの過程は物理学の対象である。物理学の対象としての音の研究は，音楽の研究と密接に関連しながら2500年の長きにわたって積み上げられてきた。本章では，物理現象としての音について基本的な見方・考え方を学ぶ。
《キーワード》 音と光，媒質，音の科学史，空気バネ，音圧，デシベル

1. 音という現象

「音」と「光」を比べながら自然現象を眺めるのは興味深いことである。音と光には1つの共通点がある。それは，これらがともに「波」として空間を伝わる点だ。一方，人間のからだとの関係で比較するといろいろな違いがある。例えば，私たちは音を出すことができるが光を出すことができない。これは，音と光の生まれ方に根本的な違いがあることを反映している。これから詳しく述べるように，音というのは伸び縮みできる（弾性を持つ）物体が振動することで生じる。私たちのからだも含め，基本的に全ての物体は弾性を持つので，音はどこからでも発振できる。これに対して，光の作り方はもっと複雑であってどこにでも発光体があるわけではない。つまり，物質世界では光より音の方がより普遍的な現象だといえる。

日常の暮らしの中で，音が気になって仕方がないということがあって

も光が気になって仕方ないということはあまりない。騒音は遮断しにくいが，まぶしい日差しはブラインドを閉めれば遮断できる。また，音楽を聴いて踊りだしたくなることはあっても，光を浴びてひとりでにからだが動くということはまずない。この事情は，あらゆる物体が音を作り出す能力を備えていることと分かちがたく関係しているだろう。私たちのからだ自体が音を発信したり吸収したりする能力を持っているのだ。

私たちが存在しなくともこの宇宙の中で自然現象が冷然と進行することは確かである。音も然りだ。しかし，古来人間はからだが備えたセンサー機能を活用し，私たちのからだを探針として自然現象を探ってきた。16世紀ころになって様々な実験装置が開発されるようになるまでは，私たちのからだけが自然現象のセンサーだったわけである。この意味で，17世紀以降の近代科学は自然と私たちのからだを切り離してしまったということもできる。しかし，これによって初めて物理現象としての音や光の正体が明らかになったのも事実である。

日常生活で思い浮かぶ音に関する現象をもう少し思い出してみよう。例えば冬の寒い日に遠くを走る電車の音が聞こえることがある。これは，遠くで生じた音が地上の建物などを乗り越えて屈折しながら伝わるためである。光にも似た現象がある。蜃気楼（しんきろう）である。もう一つ，車に乗っていて対向車線を走る救急車のサイレン音がすれ違いざまに急に変化する。これがドップラー効果である。光もドップラー効果を示す。宇宙が膨張していることは，光のドップラー効果を通して見い出された。ここでもまた音と光の共通性が浮かび上がる。これらの現象はともに音と光が波であるために起こる現象である。

物理現象として音を捉えた場合，人間の耳には聞き取れない音というものがいくらでもある。これを「超音波」と呼ぶ。もちろんこれは人間の聴覚に基づく分類である。人間にとっての超音波を感知し，活用する

動物もいる。例えばイルカは波長8cmという極めて短い（人間にとっては）超音波を使って通信しているという。

　本章では，音が生まれ，空間を伝わって私たちの耳に届くプロセスを物理学の視点で整理する。その場合もやはり音と光を対比させると面白い。音も光もともに波であるが，「何が波打っているのか」という点で根本的な違いがある。図2-1に示すように，空気中を伝わる音は，空気分子の"押しくらまんじゅう"が気圧の差を生み出し，これが伝わっていく現象である。波を伝える媒体を「媒質」と呼ぶ。音の媒質はなにも空気だけではない。水もガラスも金属も，地球内部の物質も全て音の媒質となり得る。これについても後で触れる。

　一方，光は電気と磁気が絡み合って進行する電磁波であり，光が生まれる現場を理解するためには原子の世界にまで立ち入る必要がある。また，波としての波長も桁違いである。人間の耳に聞こえる音波の波長がだいたい数センチから10数メートルであるのに対し，目に見える光の波長は100万分の1メートル程度とごく短い。また，光の波は伝わる速さも桁違いだ。雷の稲妻が光ると，その後しばらくしてゴロゴロと雷鳴が届く。これは古代から知られていたことであろう。光は秒速30万キロ進み，音は秒速340メートルそこそこだ。100万倍の違いがある。にもかかわらず，音と光は「回折・干渉」という波に特有の性質を示す。波が波であることは，波長や速さの違いを乗り越える普遍的重要性を持つのだ。そのキーワードが「位相」である。このあたりの事情を，本章と第5章で見ていくことにしよう。

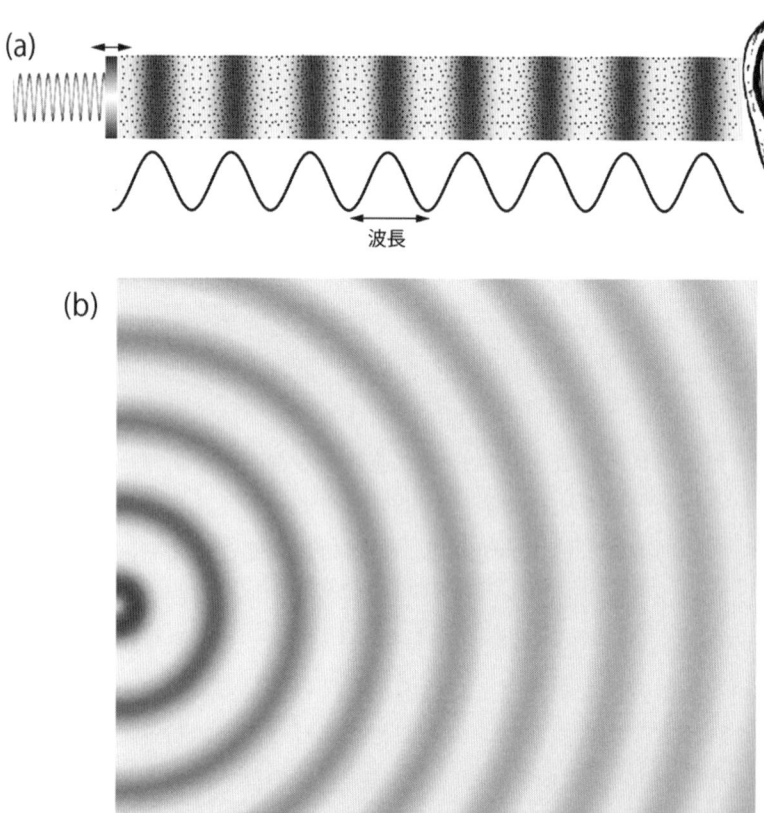

図2-1(a)(b)　音が伝わる様子
(a) 振動する物体が空気を押し出すと，空気に粗密ができる。この粗密が気圧を変動させる。この変動が空間を伝わってやがて耳の鼓膜に入る。こうして鼓膜が揺すられる。この刺激を脳は音として感知する。
(b) より広い範囲で見ると，音源から出た音は空間を球面状に広がっていく。

2. 音の科学史

　音はあまりに身近な現象であるだけに，太古から人間の関心を引いてきた。現在の私たちも，音といえば「音楽」を想起するが，17世紀に近代科学の方法が確立するまで，音を探究することは音楽の本質を探究することに等しかった。現代につながる自然科学の流れは，紀元前5世紀のアテネに花開いたギリシャ自然哲学から湧き出している。特にプラトンとその弟子のアリストテレスの対比が極めて重要である。

　プラトン哲学の根本にあるのが「イデア」の思想である。例えば「正三角形」を描いてみよう。悩ましいことに，どんなに頑張っても「3本の辺の長さが全て完璧に等しい」という三角形を描くことは不可能である。そこでプラトンは，幾何学的な正三角形というのは実現不可能な「イデア界」の存在であって，目の前に描かれた正三角形はその投影に過ぎないと考えた。プラトンはイデア界を認識する方法としての幾何学の強力さを最重視した。一方でプラトンは，「不変なるもの」への強い執着のあまり，変化に満ちた多様な自然現象と直接向き合うことを避けたともいえる。

　これに対して，眼前の自然を直視して「変化するもの」を果敢に受け入れた「自然学」を提唱したのがプラトンの弟子であるアリストテレスだ。アリストテレスは「経験」と「観察」のプロセスを重視し，感覚的な現実と向き合う姿勢を明確にした。反面，アリストテレスは数学を自然学から切り離してしまった。数学嫌いだったといってよいだろう。しかし，プラトンとアリストテレスの思想は互いに分離したものではない。対峙しながらも互いに重なりを持って現代の学問体系に大きな影響を及ぼしているのだ。自然科学の思想的歴史の本質はプラトン的アプローチとアリストテレス的アプローチの分離と融合の歴史であるとさえいえる。

話を音に戻そう。プラトン，アリストテレスの時代より以前の紀元前6世紀，音の物理的性質を初めて探ったのがピタゴラスである。ピタゴラスは万物の根源を「数」に求め，自然界における数の現れ方に神秘性を見た人だ。これはプラトンの思想と重なるものである。彼は2人の鍛冶屋が打つ2つの異なる槌(つち)の音が心地よく響くことがあることに興味を持ち，響き合う音，つまり協和音の謎を解き明かそうとした。そしてぴんと張った2本の弦の長さと張り具合（張力）を変えて協和音が生じる条件を探り，張力が同じであれば弦の長さの比が簡単な整数比となる場合に協和音が生じることを見い出した。彼がまとめた「ピタゴラス音階」は今日にまで受け継がれている。

　これに対してアリストテレスは音をあくまで音楽として捉え，人間のからだ全体が感性として受け取るものであるという態度を明確にしてピタゴラスと対立した。彼は『政治学』において音楽の本質を「遊戯・休息としてのみ役立つ」，「徳を形成するための重要な教育手段である」，「高尚な楽しみや知的教養として貢献する」などと言い表している。人間の感性を主体とした捉え方であると同時に，何でも無理に分類しようとするアリストテレスらしさが滲(にじ)み出ている。プラトンとアリストテレスの対立が，音についてはピタゴラスとアリストテレスの対立として現れているといってよいだろう。

　例えばハ長調の「ラ」の音は振動数が440Hz（ヘルツ）[1]の音として定められている[2]。しかし，厳密な正三角形が描けないのと同様に，寸分たがわず440Hzの音を出すことが現実には不可能であることは明らかだ。それでも私たちは「440Hzの音」の存在を認めなくてはならない。そうしないことには音という現象を記述することができない。これはプラトン流である。一方，これをハ長調の「ラ」音として人間の耳に響く音があればそれでよいではないか，というのがアリストテレス流である。

自然科学の様々な分野の歴史と同様に，中世を通してヨーロッパ世界をアリストテレス的学問体系が席巻した。もちろん，プラトンとアリストテレスの絡み合いは複雑で，歴史の糸を単純に解きほぐせるものではない。しかし近代の目で見たとき，やはり16世紀後半になってガリレオ・ガリレイが「プラトンの数学主義」と「アリストテレスの現実主義」を統合して自然科学の方法論を確立するまで本質的なパラダイム転換はなかったといえる。ガリレオは「自然は数学という書物で書かれている」と述べ，アリストテレスが自然学と切り離した数学が自然法則を記述する言語であることを明確にした。数学の復権である。これによって，思弁によって真実（事物自体）に接近しようとしたアリストテレス哲学から，現象の関係性を定量的に記述する近代科学への転換が起きたのである。

　再び音の話に戻ろう。近代科学の建設者であるガリレオやニュートンも音に深い関心を寄せた。音が，空気の振動が耳の鼓膜に達したときに生じるという考えはガリレオが出したものである。また，ニュートンは音速を導く公式を提案している。空気が音の媒質であることが決定的になる上で，ゲーリケが作った真空ポンプ（1650年）の果たした役割は大きい。空気を抜いてしまうと音が伝わらなくなることを実証したのはロバート・ボイルで，1662年のことだ。まさに科学革命期の出来事である。その後，音速を測定する努力や，音の伝わり方を数学的に記述する方法の洗練化が進んだ。19世紀後半までの音についての研究を集大成したのが，1877年レイリー卿が著した『音の理論』である。この著書は古典物理学の一つの到達点であり，今日でも色あせない迫力に満ちている。20世紀に入ると，音を電気信号に変換する技術が進歩していわゆる電子音が誕生する。しかし音の物理的性質については，レイリーの示した到達点から本質的に進んでいないといってよいだろう[3]。音をめぐる歴史の

タイムスケールは長い。完成を極めた19世紀の音響理論は，今日の音響技術の進歩と相まって現在も新たな活力を吹き込まれている。

3. 空気バネと音圧

　歴史の話はこれくらいにして，音を空気の振動としてどう記述したらよいかという話に移ろう。われわれに耳に伝わってくる音を伝える媒体は空気である。まずは空気というものをどう捉えるのかをはっきりさせよう。振動というとバネや振り子を思い浮かべるが，じつは空気もバネである。自動車のサスペンションには普通はバネが使わるが，空気を閉じ込めたシリンダーをバネと同じように緩衝装置として使うエアサスペンションという装置もある。

　空気のほかにも身の周りにはバネには見えないのにバネとしての性質つまり「弾性」を持つ物体が溢れている。弾性とは押せば元に戻る性質のことである。形を持つ物体であれば，硬い金属の固体でも豆腐やこんにゃくのようにソフトな物体でも全て弾性を持つ。弾性を持つ物体は全て音の媒質になり得る。では液体である水や気体である空気のように形を持たない物質はどうだろう。この場合，「形の変形」とは少し異なる弾性が生じる。ここが音を理解する際の要となる。音の場合，空気が変形するわけではなく，場所による空気の「密度の変形」が起きる。空気が濃い（密な）ところと薄い（疎な）ところが周期的に繰り返し現れ，そのパターンが伝わっていくのである。この周期が図2−1に示した「波長」である。

　空気の性質を捉えるには2つの見方がある。一つは空気の塊を「マクロ」な物体として捉えるやり方だ。ビニール袋に空気を閉じ込めてあちこち押したり引いたりすると中の空気は自由に変形する。ニュートンは

この立場に立って音速を議論した。これについては第5章で触れる。

マクロな視点の対極となる見方が，空気が窒素と酸素という分子が膨大な数集まったものであるという「ミクロ」な見方である[4]。これは現代的な「原子論」の見方である。

20世紀を代表する物理学者の一人であるリチャード・ファインマンは，「天変地異が起きて現在の人類が持っている科学的知識が全て失われようとしているとして，最も情報量が濃いたった一行のメッセージを残された次世代に伝えるとすればどんな文言が適当か」と問うて，それは「すべての物質はが原子からできている」という一文であろうと答えている（引用：ファインマン『ファインマン物理学 第1巻』（岩波書店）より）。私たちのからだを含めたあらゆる物質が原子からできているという認識は，古代ギリシャ以来2500年の歳月をかけ，20世紀初頭になってようやく確立したものだ。現在の自然科学は原子論に基づく物質観に基づいている。この知識を手放すことは人類2500年の知的営みをもう一度やり直すに等しいのだ。

窒素の原子が2個結合すると窒素の分子になる。同様に酸素の原子も2個結合して分子を作る。これらの原子は，それぞれペアを組んで分子になった方が安定なのである。この立場で見ると，空気というのは窒素分子と酸素分子が膨大な数集まったものである。

では，分子というのはどれくらい小さく，またどの程度密集しているのだろう。19世紀を代表する物理学者であったケルビン卿は次のような例え話をしている。浜辺に出かけてコップ1杯の海水（約10^{-4}㎥）[5]を汲んでこよう。そのコップの水を再び海に戻し，地球の海水全体をよくかき混ぜた後に再び汲み上げてみよう。このとき，最初に汲み上げたコップの海水に含まれていた水分子が何個程度混ざっているだろうか。これは途方もない問題に聞こえる。コップの中のわずかな水と地球上の全て

の海水を比べるのだ。それこそ比べ物にならないくらいの比であろうから、先程の水分子が含まれている割合など限りなくゼロに近いのではないか？そう思うだろう。では数字を見積もってみよう。

地球の全海水の容積は約10^{18}m³であることが知られている。ということは、コップに組み上げた水は全海水の約10^{-22}倍程度だ[6]。一方、コップの海水に含まれる水分子の個数はだいたい10^{24}個程度である。これより、答えは$10^{24} \times 10^{-22} = 10^2$個、つまり約100個ということになる。先程のコップの中の水分子が100個もすくえる計算になる。この話は、分子がいかに小さく、密集しているかを印象付けるものである。

話を元に戻そう。空気は気体であるから、液体の水に比べると分子の密集度は小さい。しかし、いずれにせよ膨大な数の分子が密集してこれらが平均して秒速300m程度という猛烈なスピードで飛び回っている。

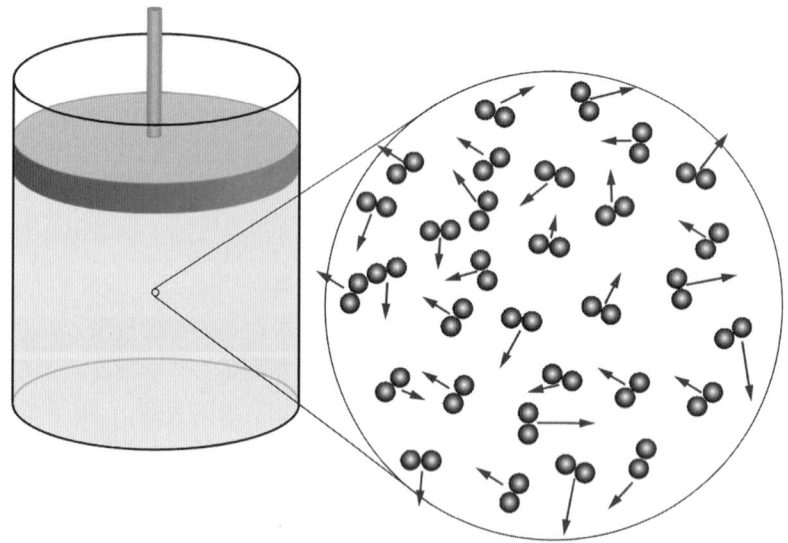

図2-2　シリンダーに閉じ込めた空気を約10億倍に拡大すると、窒素や酸素の分子が飛び交う様子が見えてくる。

これが空気の「原子論的な」イメージである。図 2-2 のように,「シリンダーに空気を閉じ込める」というのはマクロなものの言い方であるが,これをミクロに見れば膨大な数の分子が飛び回っている様子が見えてくる。そして,シリンダーの壁には窒素や酸素の分子が絶えずぶつかっている。個々の分子はとても軽いが,それらが膨大な数集まって全方位から絶えず壁にぶつかるのだ。この小さな衝撃力は集積され,壁にマクロな力を及ぼすようになる。

そこでこの力を壁の面積で割ったもの,つまり分子の衝突によって壁が受ける「単位面積当たり」の力[7]を「圧力」と呼ぶ。力の単位は N（ニュートン）である。地上の物体には重力が働く。例えば 1 kg の物体に働く重力は9.8N である。この物体を手のひらに乗せて止めておくには9.8N の力に抗してこれを打ち消す必要がある。この結果,手のひらは9.8N の力を受ける[8]。

圧力は単位面積当たりの力であるから,その単位は N を面積の単位 m^2 で割ったもの,つまり N/m^2 である。この単位を「Pa（パスカル）」と呼ぶ。つまり,1 Pa とは壁 1 m^2 たりに 1 N の力が作用しているということである。私たちは大気圏の底で暮らしている。私たちの頭上には重い空気の柱が乗っている。天気図で気圧を表記する場合は hPa（ヘクトパスカル）という単位を用いる。1 hPa は100Pa である。天気図を見ると,地表の気圧はだいたい1000hPa 前後である[9]。これは 1 m^2 あたり10万 N の力,つまりほぼ10トン分の重さに相当する。

空気のイメージがつかめたところで,音とは何かという問題に戻ろう。図 2-1(a)のように,バネにつながった板を振動させてみよう。図 2-2 のピストンを振動させると思ってもよい。すると板（あるいはピストン）はこれと接触する膨大な数の空気分子を押し出す。押し出された空気分子の集団は密になる。しかし,密になった部分はすぐ右隣りの部分

を押し出し，自分たちは元⁽¹⁰⁾に戻ろうとする。これがバネの効果である。ただ，バネとはいっても空気分子の粗密が振動して伝わっていくわけである。疎な部分は圧力が低く，密な部分は圧力が高い。こうして音がない状態での気圧からの圧力差が生じ，これが空間を伝わっていくのだ。この圧力差を「音圧」と呼ぶ。

　図2-1(a)のように音は人間の耳に入って鼓膜に達する。音圧が大きいほど鼓膜は大きく揺すられ，強い刺激を受ける。では，人間の耳はどの程度の音圧を感じ取ることができるのだろう。驚くべきことに，耳は1億分の1気圧（数10μPa）という微弱な音圧を感じ取ることができる。なんとも精巧なセンサーである。

　最後に，音圧の単位として使われる「dB（デシベル）」について説明しておく。人間の耳が感じ取ることができるもっとも微弱な音圧が数10μPaであるといったが，音圧を数値化するには基準値が必要だ。現在，その基準値は $P_0 = 20μPa$ と決まっている。P_0 を基準に，その何倍かということで音圧を数値化するわけであるが，音圧が2倍になったからといって，人間の聴覚がこれを2倍大きな音として聴き取るわけではない。「音圧の波」としての音波と「人間が聴き取る音」は違うのだ。そこで，聴覚に合わせた音圧の測り方が工夫されている。音圧 P を基準値 P_0 で割ったもの P/P_0 が1ならば「0」，10ならば「1」，100ならば「2」，1000ならば「3」，・・・というように「10の何乗か」で音圧を測るのである。そのための数学記号が「対数」である。P/P_0 が10の何乗であるかを $\log_{10}(P/P_0)$ と表す。そして，さらにこれを20倍した値

$$L = 20\log_{10}(P/P_0)$$

を「音圧レベル」といい，これにdBという単位を与えて音圧を数値化する。

　穏やかな日に木の葉が揺れる音がだいたい数10dB，電話の着信音が

50dB，飛行機のエンジンの直近が120dB程度である。騒音計という音圧の計測装置がある。この装置は，音圧を電気信号に変えることで音圧レベルを測定する。音が電気信号に変換できる仕組みは，エレキギターの仕組みと同じものである。

演習問題

1. 薄い板に乾いた塩をまき，近くで音を出してみよう。塩粒が振動する様子が観測できるはずである。このように，音波を粒子の振動による模様として捉えたものを「クラドニ図形」と呼ぶ。
2. 「物理的な刺激を人間の五感がどう捉えるか」についての経験則として「ウェーバー・フェヒナーの法則」が知られている。この法則について調べ，音圧の定義デシベルとの関連を考察せよ。

《本文脚注》

(1) 振動する物体が1秒間に何回振動するかを振動数と呼ぶ。1 Hzの振動とは「1秒間に1回振動が起きる」ことを意味する。
(2) 1939年にロンドンで行われた国際会議で定められた。
(3) もちろん超音波と物質の相互作用や，音波伝搬のミクロなプロセスの解明など多くの発展があった。しかし，音の伝搬を記述する体系はさほど変化していない。
(4) 乾燥空気の組成は窒素が78.084%，酸素が20.9476%，アルゴンが0.934%であり，その他の気体の割合は0.05%未満である。
(5) 大きな数，小さな数を表すには，このような「指数表示」を使うのが便利である。大きい数の場合，たとえば100は10^2，1000は10^3と表

す。単にゼロが何個並んでいるかということである。小さい数については，0.1を10^{-1}，0.0001を10^{-4}のように指数にマイナスをつけて表す。小数表示するとゼロが4個並ぶ。こちらも，小数点を挟んでゼロが何個並んでいるかを表している。

(6) 10^{-4}を10^{18}で割るということは，小数点以下の0がさらに18個増えるということである。はじめ4個だったものが18個増えるから22個になるわけである。

(7) 正確にいえばミクロな衝撃力のマクロな平均値。

(8) 物理の言葉を使うと，これは物体が手のひらから受ける「垂直効力」の「反作用」ということになる。

(9) 1013.25hPaを1気圧と呼ぶ。

(10) 外界からの影響を絶って気体を放置すると「熱平衡状態」に落ち着く。もちろん熱平衡状態でも個々の分子はランダムに飛び回っているが，マクロに見れば全体として落ち着いた状態となり，圧力も元の気圧に戻る。

参考文献

小橋豊（1987）『音と音波』裳華房

3 | 音の知覚・認知・認識

佐藤仁美

《目標&ポイント》 本章は、音の知覚・認知・認識について、生理的・神経学的・心理学的観点から学ぶ。まず、音をどのように捉えて感じとるのかを、人体の仕組みを通して考えてみたい。その後、音をどのように認識するのかについて、第4章でも続けて心理的視点に基づいて考えてみたいと思う。
《キーワード》 聴覚、蝸牛、伝音器、感音器、可聴範囲、難聴、耳鳴り

1. 音を捉える・感じとる

　私たちは、警戒音などから危険を察知したり、人とコミュニケーションしたりと、周囲からの音や相手の話を聴くために、耳を使っている。また、耳は、平衡感覚を司る機能も担っているため、耳の機能に何らかの障害を受けると、まっすぐ立っていられないなどの症状が出てくることがある。つまり、耳は、聴覚と平衡感覚を司る大切な感覚器官である。
　聴覚（hearing; audition）とは、日本聴覚医学会によると、「音響の受容から認知までの機構と機能及びそれを通じて生じる感覚」と定義されている。

2. 耳のメカニズムと機能と神経信号・脳への伝達

（1） 聴覚受容器
　われわれの耳は、外耳（がいじ）、中耳（ちゅうじ）、内耳（ないじ）からできており、それぞれが大事

な役割を持っている（図3-1参照）。

　耳の構造は，体の外の音をキャッチして振動に変えて体内に伝える部分（伝音器）と，体内に取り込んだ振動を電気信号に変換して脳に伝え音として感知・認識する部分（感音器）とに分けて考えることもできる。部位を照合すると，外耳は集音と共鳴，中耳は固体電音伝達，内耳は感音として役割分担され，外耳・中耳は伝音系，内耳は感音系となる。

外耳

　外耳とは，私たちがいわゆる「耳」と呼んでいる部分で，耳垂（耳たぶのこと）・耳介・外耳道からなる。耳介表面が凹凸面であるのは，空気中の音波を外耳道の方向に反射させるためである。外耳口から始まる外耳道は，成人で約2.5～3.5cmあり，ほぼ一様な太さの空気通路となっている。10～15歳ころに成人の長さとなる。外耳道の行き止まりが鼓膜であり，鼓膜は外耳と中耳の境である。外耳道は，一端は開かれており，一端は鼓膜で閉じられていることから，共鳴管の役割を担っている。共鳴管は，音の4分の1波長と管の長さが一致したときに共鳴を起こす。成人の外耳道の長さが約2.5cmであることから，波長は約10cmで共鳴が起こることとなる。人の最も感じやすい振動数は3000Hz（ヘルツ：毎秒あたりの振動数を表す単位）台の音といわれている。

中耳

　中耳とは，中耳腔，または鼓室と呼ばれる部位と，3骨，つまり，ツチ骨・キヌタ骨・アブミ骨からなる耳小骨と耳管という3つの器官の総称であり，鼓膜よりも奥にある。中耳は，大気圧気体（湿度の高い空気）に満ちた空間である。

　鼓膜を振動させた音波は，ツチ骨からキヌタ骨へ，そしてアブミ骨へ

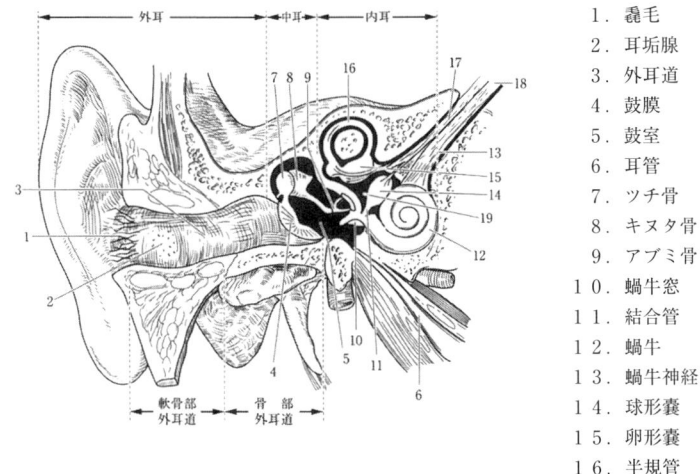

第3章 音の知覚・認知・認識　39

1．毳毛
2．耳垢腺
3．外耳道
4．鼓膜
5．鼓室
6．耳管
7．ツチ骨
8．キヌタ骨
9．アブミ骨
10．蝸牛窓
11．結合管
12．蝸牛
13．蝸牛神経
14．球形嚢
15．卵形嚢
16．半規管
17．前庭神経
18．内耳神経
19．前庭

図3-1　耳の断面（Fiedler 改）　（出典：『新耳鼻咽喉科学』［第11版］南山堂）

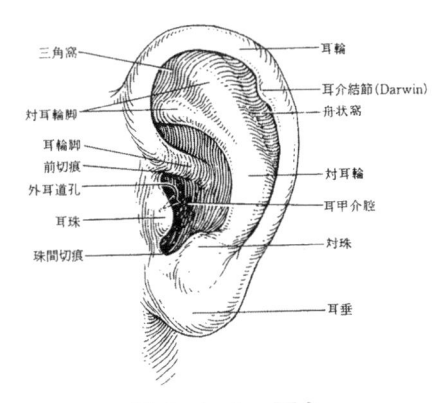

図3-1-1　耳介
（出典：『新耳鼻咽喉科学』［第11版］南山堂）

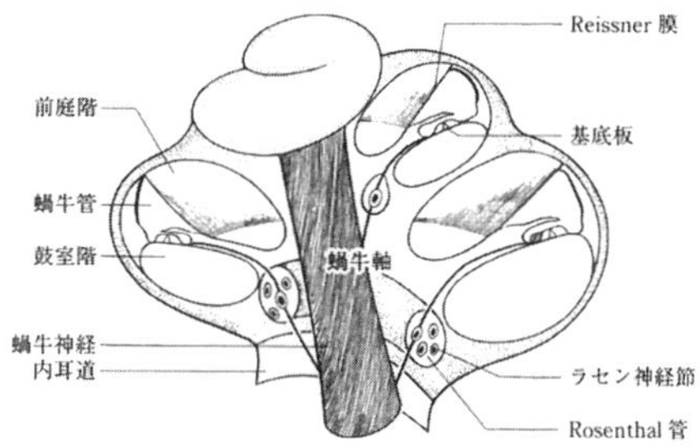

図3-1-2　蝸牛断面
（出典：『新耳鼻咽喉科学』［第11版］南山堂）

と順にリレーされて前庭窓を通って内耳リンパに伝えられる。この一連のプロセスで音エネルギーの約35％が損失する。

内耳

　内耳とは，蝸牛・前庭・三半規管という器官の総称を指し，中耳よりもさらに奥にあり，聴覚や平衡感覚を司っている。蝸牛は聴覚（聞こえ）を担当し，前庭は平衡感覚（バランス）を司る。内耳は，側頭骨内に埋め込まれ守られている。蝸牛とは"かたつむり"のことを指し，名前はその形に由来している。

　蝸牛はリンパ液で満たされ，耳小骨の振動でリンパ液が揺れ，その揺れを感覚細胞である有毛細胞が捉えて電気信号に変え，蝸牛神経に伝えていく。有毛細胞は蝸牛の内側に並んでおり，その場所により担当する周波数（音の高さ）が異なる。

　電気信号は，蝸牛神経を通って大脳に伝えられ，大脳皮質の聴覚を司る部位がその信号を認知・処理したとき"音が聞こえた"と認識し，それが何の音なのかを識別する。

（2）　平衡感覚

　平衡感覚の保持は，内耳の三半規管や卵形嚢と球形嚢からなる前庭感覚器による。卵形嚢と球形嚢は，蝸牛と三半規管の間にある前庭部分にある。三半規管や前庭感覚器の中はリンパ液で満たされており，体が傾くとこのリンパ液が揺れて三半規管の根元にある有毛細胞が刺激され，傾いている方向を感知するという仕組みになっている。

　三半規管は回転運動を感知する。卵形嚢は，重力など垂直方向の動きを感知し，球形嚢は，直線加速度など水平方向の動きを感知する。卵形嚢と球形嚢は，先に石が載っている短い毛が密生していることより，耳

石器と呼ばれている。これらのセンサーが過敏であれば，僅かな頭位の変化を過度に捉えて目・頭がグルグル回っていると感じたり，逆に鈍感であれば適切に頭位の変化を捉えることができずにバランスがとりにくくなる。また，前庭神経自体が傷害されても平衡障害をきたす。

(3) 音が聞こえる仕組み・プロセス

私たちの耳において，音が聞こえる仕組みは，大まかに次のプロセスを経ている。
1. 耳介が，音の正体である空気の振動を集める。
2. 音の振動は，外耳道を通ってその奥にある鼓膜を震わせる。
3. 鼓膜の震えは，その奥にある3つの耳小骨へと伝わる。
4. 耳小骨に届いた振動は，耳小骨の奥にある蝸牛へ伝達される。
5. 蝸牛に届いた振動は，蝸牛の中のリンパ液を震わせて有毛細胞を刺激する。
6. 振動は有毛細胞によって電気信号に変換され，蝸牛の中にあるラセン神経節細胞に伝わる。
7. ラセン神経節細胞に届いた電気信号は，蝸牛神経を通って大脳へ伝達される。
8. 最後に大脳聴覚皮質がその電気信号を解析し，音として認識される。

(4) 神経・脳の感じ方 ～音を神経信号に変える仕組み～

内耳の蝸牛で電気信号に変換された音は，蝸牛神経を通って脳内の5～6か所の中継地点を介して大脳に達し，ここで初めて"音が聞こえる"という感覚を持つことができる。つまり，大脳皮質の聴覚を司る部位がその信号を認知・処理したとき"音が聞こえた"と認識し，それが何の音なのかを識別しているということになる。多数の中継地点では，

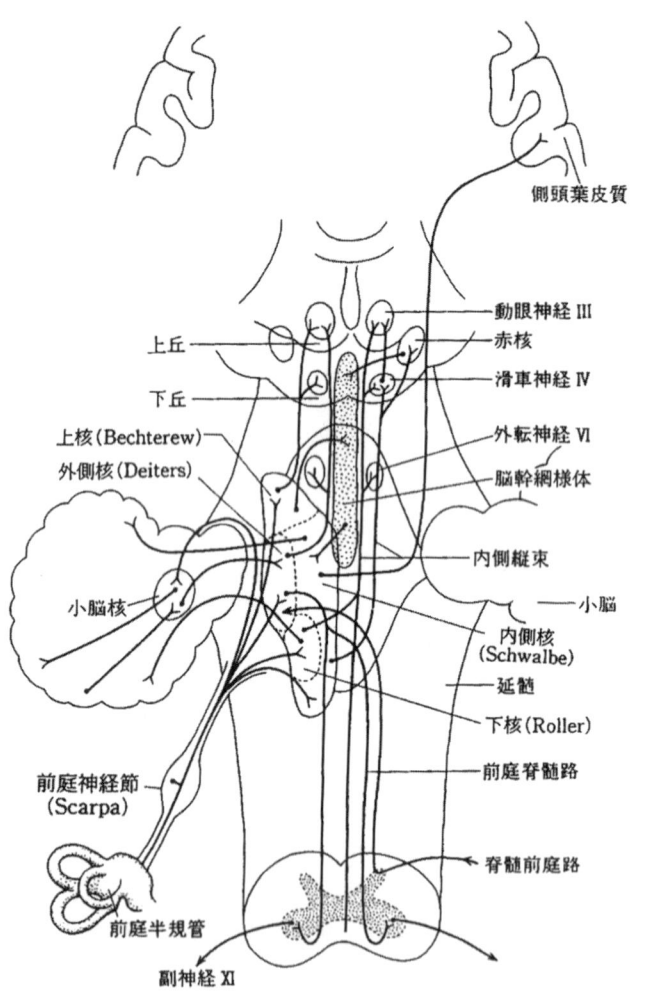

図3-2-1　前庭神経中枢路

(出典：『新耳鼻咽喉科学』[第11版]南山堂)

音の中から必要な情報（音の大きさ，高さ，持続時間，音の出所，言葉の内容など）を選び出している。

　蝸牛を出て聴神経が最初に到達する脳（延髄）の場所を蝸牛神経核と呼ぶ。蝸牛神経核では1本の神経線維からの情報が7種類もの神経細胞に伝えられ，音の方向や時間差，大きさなどの情報を処理する。いったん，別々に処理された情報（視覚・味覚など）など，音以外の情報とも

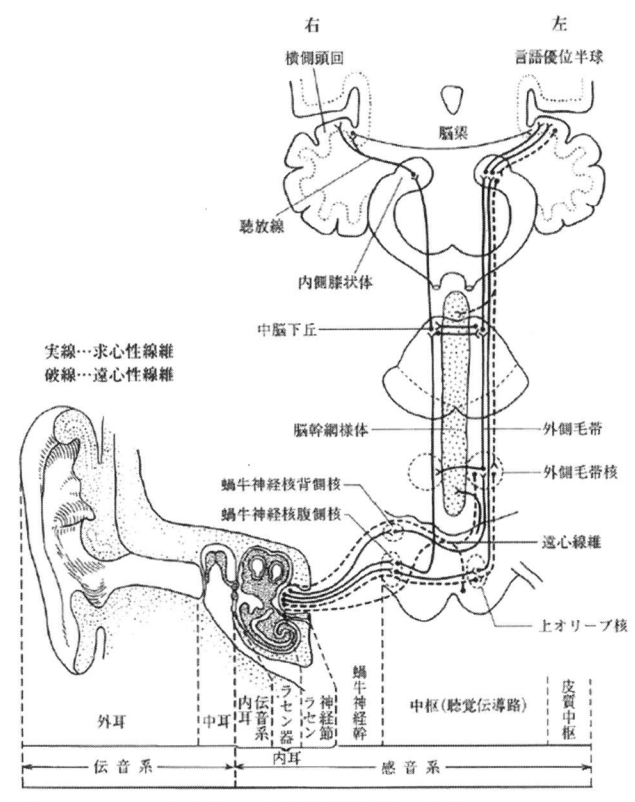

図3-2-2　臨床的にみた聴器各部の分類
（出典：『新耳鼻咽喉科学』[第11版]南山堂）

統合されていく。音が到達する最後の大脳では「言葉の意味を考える」など最高度の情報処理をしていると考えられている（図3-2-1，図3-2-2）。

3. 聞こえ

　日本聴覚医学会によると，聴力（hearing acuity; auditory acuity）とは，「聴覚の諸機能の感度や精度。若年健聴者の聴覚機能を基準にして表すことが多い。さらに狭義には純音の最小可聴値のことをいうことが少なくない」，聴能（auding; hearing capability; auditory perceptual cognitive ability）とは，「音響情報の受容から認識にいたる総合的な機能及び能力」と定義されている。

（1）　可聴範囲

　私たちが音を聞くことのできる範囲，つまり，音の振動を捉える範囲を可聴範囲（audible range）といい，純音で成人は約20～16000Hz，子どもの場合は20000Hzまで聞こえるといわれている。加齢にともない，可聴範囲は狭くなり，高齢者では高音域が6000Hzほどまで低下し，その影響で，子音の聞き取りづらさが発生する。また，成人においては，振動数1000Hz付近で3～4Hzの違いを聞き分けられるほど識別能力は非常に高い（図3-3）。

　これに比べ，動物の可聴範囲は，体の大きさに比例してくる。聴覚器官とは，身体に対応して決まるため，小動物の聴覚器官の最低共鳴振動数は高く，大きな動物は低くなる。例えば，コウモリやネズミなどのように高振動数の超音波が聞こえる動物も少なくない（図3-4）。

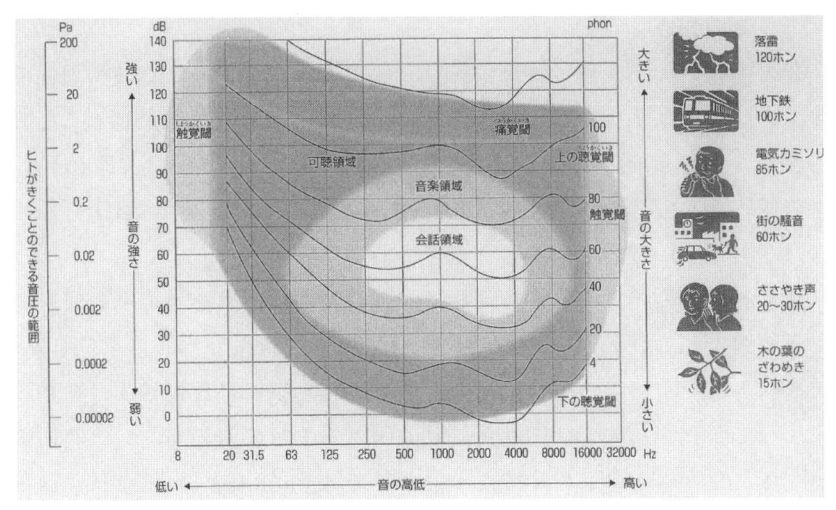

図3-3　ヒトの可聴範囲と等聴力曲線
　　　　　　　　　　　　（出典：山内昭雄・鮎川武二『感覚の地図帳』講談社）

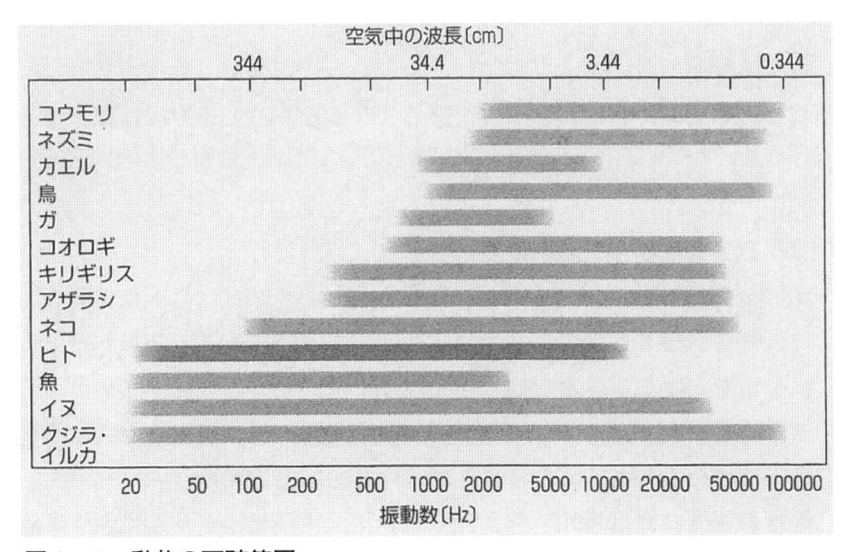

図3-4　動物の可聴範囲
　　　　　　　　　　　　（出典：山内昭雄・鮎川武二『感覚の地図帳』講談社）

(2) 音の強さ

　音の強弱（大小）は，物理的には音圧の大小，つまり，音波の振幅のサイズ（音波エネルギーの大きさ）によって決まる。ヒトの聴くことのできる音圧の範囲は，おおよそ20μPa（マイクロパスカル：50億分の1気圧）から20Pa（パスカル：5000分の1気圧）で，最大値100万分の1ほどの小さな音まで聞くことができる。

　感覚的な音の強さを示す物理量は，音の強度における，可聴の最も弱い音の強度に対する倍率の対数の20倍で表した音圧レベル（単位 dB：デシベル）を用いる。感覚的な音の強さは物理量には比例せず，振動数によって変化するので，感覚量には，同じ振動数の音に対して感覚的に定義された大きさのレベルで，単位としては phon（ホン）を用いる。

4. 聞こえの問題　～正常と異常～

　音を感受し信号に変えて脳に伝える経路の一箇所でも障害があれば，それ相応の聴力障害が現れ，耳が聞こえなくなる。その原因は様々である。

(1) 聴覚機能検査（聴力検査）

　聴力検査は，聴力障害の程度（量的），性質（質的）を検査することで，伝音器か感音器かなど病変の存在部位を診断することを目的とする。音叉や笛などが使用されていたが，現在では，オージオメーターが主流である。オージオメーターは，発振器，増幅器，受話器からなり，指定する高さ・強さの純音が作り出され，片耳ずつ測定する。

　難聴の程度は，伝音性・感音性を問わず，オージオグラムにより評価され，軽度から全聾までを分類している。

レベル分類	可聴範囲	状態
正常	〜20dB	
軽度難聴	21〜40dB	30dB程度から難聴に気づき始めるが，30dB以内であれば社会適応可能である。呟き声は耳元でなければ聞こえない。
中程度難聴	41〜70dB	会話中に聞き落としが生じたり，不自由を感じる。70dBになると大声でなければ通じない。
高度難聴	71〜90dB	聞き落としが多く，会話がほとんど不可能。耳元で話しかける必要がある。
聾	91dB以上	言語音も一般環境音も聴取が不可能である。補聴器や人工内耳を必要とする。
全聾	測定不能	補聴器や人工内耳を用いても全く音が聞こえない。

（2）難聴

　難聴は，障害の起こっている部分によって大きく2種類に分けられる。伝音器（外耳・中耳）部位に機能障害がある場合を伝音（性）難聴，感音器（内耳・聴神経）部位に機能障害がある場合を感音（性）難聴，伝音器にも感音器にも機能障害がある場合を，混合性難聴という。

　伝音（性）難聴（conductive hearing loss）は機能的な障害であり，「外耳・中耳・蝸牛窓・前庭窓のいずれか，又はそのすべてがおかされ，伝送特性が変化するために起こる聴覚障害」（日本聴覚医学会，2012）である。これは，外耳道の大きな耳垢や鼓膜・中耳骨などの部品の不具合で，たいていは具体的な病名がついており，薬や施術で回復することが多い。しかし，小耳症や無耳症のような外耳道の欠損や，耳小骨の癒着など，頭部切開手術により穴を開けなければ回復しない場合もある。

感音（性）難聴（sensorineural hearing loss）は，「内耳又は内耳から聴覚中枢に至る部位に器質性の病変があると考えられる聴覚障害」（日本聴覚医学会，2012）である。換言すると，内耳から聴神経にかけての神経性の難聴であり，内耳で音が上手く処理されなかったり，音の電気信号を脳へ伝える神経が上手く働かないため，音の内容がハッキリしないという特徴がある。この症状は，「聞こえない」という音量の問題，「聞き取れない」という音質の問題双方がある。症状によっては，音量は普通に聞こえるが言葉の内容が理解できないというものもある。耳に入った音は内耳までは普通に伝わるものの，内耳で上手く電気信号に変換されず，歪んだ形で脳に伝えられてしまうため，相手が言っていることを上手く聞き取ることができない。たとえ補聴器を使って音量を上げても，大きい声で話してもらっても，音量に見合った聞き取りが出来ない場合がある。現時点では治療法はないとされている。

このほか，中枢性難聴（central hearing loss：脳幹聴覚伝導路の障害による脳幹性難聴と皮質性難聴を含めて中枢神経性難聴とすることが多い）。聴皮質の障害に起因する難聴では，聴覚失認，語聾（ごろう），感覚性失音楽などを呈する。語音明瞭度や歪み音（ひずみごおん）明瞭度，環境音認知，両耳分離能などが，純音聴覚閾値（いきち）から予測される値よりも低下していることが多い），内耳性難聴（inner ear hearing loss：障害の部位が蝸牛に限局している場合の感音（性）難聴），機能性難聴（functional hearing loss：器質的障害に起因すると考え難い難聴）などがある。機能性難聴は，原因となる精神的ストレス（心因）が明らかであるものを心因性難聴，意図的に難聴を装った結果起こる難聴を詐聴（さちょう）と呼ぶ。心因性難聴（psychogenic hearing loss）は，「きこえの障害のなかで，器質性のみの障害と考えにくい場合のうち精神的な原因によっておこるきこえの障害，例えばヒステリー性難聴など」（日本聴覚医学会HP）である。真の機能性難聴は，

原因が全くわからない非器質性難聴だけを指す。

　このほか，突発性難聴は，感音（性）難聴に分類される。原因として，ストレス性の血行障害説，ウイルス説も考えられている。突発性難聴は適切な処置が必須で，対処が早ければ治る見込みが高いが，放置しておくと回復は不可能になることが多い。早目に耳鼻科に受診することが求められる。

（3）　耳鳴り

　外界からの音刺激の少ない静かな場所にいるとき，あるいは，風邪を引いたときなど，キーンというような高い音が聞こえることがある。これは耳鳴りと呼ばれている。耳鳴りには，自分のみが音を認識できる自覚的耳鳴と，他人にも音を認識できる他覚的耳鳴に大別される。

　自覚的耳鳴とは，本人にのみ聞こえるもので，耳鳴りの大半はこの自覚的耳鳴と考えられる。自覚的耳鳴は，病気が原因で起こる病的な耳鳴りと，特に危険のない生理的な耳鳴りに二分される。

　病的な耳鳴りは，多くが眩暈や難聴などの症状を伴う特徴があり，何らかの病気が原因で起こる耳鳴りで，病因を突き止めて治療をすることが，そのまま耳鳴りの治療につながる。

　生理的な耳鳴りは，防音室などの静かな場所にいるときに感じる耳鳴りのことで，特に早朝や夜中などに起こりやすく，"キーン"という音が聞こえるのが特徴で，いつの間にか止むのがほとんどである。この耳鳴りは音刺激なしに生ずる音感覚のため，非振動性耳鳴ともいわれる。

　他覚的耳鳴とは，自分にも他人にも聞こえる耳鳴りで，耳鳴りがしている人の耳に聴診器を当てると，その人が感じている音と同じ音が聞こえてくる。振動性耳鳴とも呼ばれる。

　また，耳鳴りには，高音のものと低音のものがある。一般に低音性耳

鳴は中耳疾患によるものが多く，高音性耳鳴は，内耳性，中枢性のものとされる。

　高音性耳鳴の特徴は，"キーン"という金属音のような音が代表的な音色である。高音の耳鳴りは，片方の耳のみに起こる場合と両方の耳に起こる場合がある。高音の耳鳴りには，音量が変わりやすい特徴があり，耳鳴り発生側の耳の穴を塞ぐとさらに大きく聞こえるなどの特徴がある。

　工事現場など大きな騒音がする場所に長期間いたために発症する騒音性難聴や，一時的な騒音に晒（さら）されたために発症する音響性難聴でも，高音の耳鳴りが起こる。

　これに対し，低音性耳鳴は，耳の穴に何かが詰まったような感覚を伴う場合が多い。低音の耳鳴りを伴う病気として，メニエール病が代表的だが，耳管狭窄（きょうさく）や低音型難聴などの可能性もある。メニエール病は，激しい眩暈（めまい）や吐き気などを伴い，低音型難聴は耳が聞こえにくいというより耳が詰まったように感じられる。どちらも30〜50代女性に多い傾向である。低音の耳鳴りにはストレスが大きく関与すると考えられており，ストレス除去，十分な休養を必要とする。

　耳鳴りと酷似し，区別しにくいものに，頭鳴（ずめい）（症）という症状がある。一見，同様に思われがちだが，明らかに頭で音がすると自覚できる場合は危険である。頭鳴の症状は，頭の中や頭の周辺で音が鳴っているように感じ，その音は一時的に鳴る場合と持続的に鳴る場合がある。あまりに長く続くと不眠や食欲不振などに陥ることもある。"カーン"という金属を叩くような音色である場合が多いのが特徴で，音のする部位は，後頭部や頭頂部・額やこめかみなど多様である。頭鳴が発症すると，頭全体もしくは頭の片側だけが重く感じたり，頭痛や眩暈が生じることがある。脳の病気や耳の器官の異常が考えられるので，脳神経外科か耳鼻咽喉科の受診が望ましい。

頭鳴の原因は，完全には解明されていない。脳と耳の異常が主な原因と考えられている。脳の障害には，聴覚野の障害と脳血管障害の2種類があり，脳血管障害により血流が悪くなると，雑音が発生し，頭鳴の音として感じられると考えられている。

　また，頭鳴は，耳管炎などの耳の異常が起因するともいわれている。耳管炎とは，炎症により耳管が腫れて塞がり，耳が聞こえにくくなる症状である。音が上手く脳に伝わらない結果，頭鳴が発生する可能性がある。

演習問題

1．外部からの音刺激のほとんどない所で，自身の聴覚体験をしてみよう。
2．自身にとって身近な音を周波数で感じてみよう。

引用文献

切替一郎 原著，野村恭也 監修，加我君孝 編集（2013）『新耳鼻咽喉科学（第11版）』南山堂
山内昭雄・鮎川武二（2001）『感覚の地図帳』講談社
岩原信九郎（1981）『生理心理学』星和書店
http://audiology-japan.jp/audi/?page_id=6115（日本聴覚医学会HP）
http://www.nanbyou.or.jp/entry/164（難病情報センターHP）

4 | 音の感覚と心理的要素

佐藤仁美

《目標&ポイント》 本章は，音をどのように認識するのかを，心理的視点に基づいて考え，音から得られる視覚的感覚に代表される共感覚的現象など，音をめぐる心理的要素について学ぶ。
《キーワード》 共感覚，色聴，感覚モダリティ，スクリャービン

1. 音の感じ方とその影響

　同じ音を耳にしたとき，ある人は親しみを感じ，ある人は嫌悪を感じ，ある人は快を感じ，ある人は不快を感じるであろう。この個人差には，個々人の好みや価値観，環境的要因，生育的要因など，様々な要因が考えられる。そこには，先天的に持ちうる感覚もあれば，後天的に作り上げられた感覚も存在するであろう。
　一時期，α波ミュージックというものが流行したことがある。α波は，ヒト・動物の脳が発生する電気的信号，つまり，脳波のうち，8～13Hz成分のことを指しており，閉眼・安静（リラックス）・覚醒した状態でより多く観察され，開眼や視覚刺激時・運動時・精神活動時・緊張時・睡眠時には減少する。リラックス時にα波は頻出することから，「α波ミュージック」などと命名して，商品の宣伝に活用しているが，音楽に同調して脳波にα波が出現するというようなことは，科学的根拠に乏しいとされている。

（1） 音の視覚的表記

　音楽には，「音色」という表現が使われている。音色（ねいろ：timbre）とは，「音の成分のちがいから生れる感覚的特性をいう。同じ高さの音を，同じ大きさで鳴らしても，発音体のちがいあるいは振動のさせ方によって，音のもつ感覚的質に違いが生れる。これは，振動によって，どのような部分音が，どのくらいの強さで発生しているかによる」（『新音楽辞典』，1977）。日本聴覚医学会によると，音色とは，「聴覚に関する音の属性の一つで，物理的に異なる二つの音が，たとえ同じ音の大きさ及び高さであっても異なった感じに聞こえるとき，その相違に対応する属性」と定義され，「音色は，主として音の波形に依存するが，音圧，音の時間変化にも関係する」と追記されている。

　音色旋律（独　Klangfarben-melodie）とは，オーストリアの作曲家・指揮者・教育者であるシェーンベルク（Arnold Schönberg, 1874-1951）が，『和声学／Harmonielehre, 1911』で提示した概念であり，音高の変化によって旋律を作ることができるのであれば，音色の変化によっても可能であるはずと考え，音色旋律を打ち立てた。旋律は，音高・リズムの変化のみによって形成されるのではなく，音色の変化も，本質的な構成要素となり得るとする考え方である。音色旋律の典型例は，シェーンベルク作曲『5つの管弦楽曲』op.16（1909, 1949改作）第3曲であり，同じ和音が楽器編成を変えてさざ波のように音色を変化させている。シェーンベルクの弟子であるアントン・フォン・ヴェーベルン（Anton von Webern, 1883-1945）の『管弦楽のための《5つの小品》』（1913）にも，音色旋律の手法が使われている。

（2） 音の視覚的表現

　音楽だけでなく，日常生活の中でも，音（音楽）を視覚的に表現する

ことは多々ある。女性たち（とも限らない）が人気アイドルに会った時などにあげる「キャーッ」という歓声を「黄色い声」と呼ぶことがある。「黄色い声」は，英語では"a shrill [squeaky] voice"と表される。Shrillは，「鋭い，金切り声の，かん高い」などの意味がある。Squeakyは，「キーキー声の」の意味がある。どちらも聴覚表現で表されていることになる。日本語表現の「黄色い」は視覚的表現であり，「声」は聴覚を示すものである。「黄色い声」とは，視覚と聴覚を双方用いた表現である。換言すると，「聴覚経験に視覚特性が同期する例」（丸山，1969）である。

かつて，コマーシャルソングで話題となった，歌手：高橋真梨子のヒットソングに『桃色吐息』というものがあった。妖艶な大人の世界を表現した歌であるが，その歌詞の中には「金色　銀色　桃色吐息」といった表現も存在する。吐息とは，ため息，落胆した時などに思わず出る息であり，実際に色などついていない。無色透明である。中国から伝わる「青色吐息」という表現もあり，「困って苦しいときなどに，弱りきって吐くため息。また，そのため息の出る状態」のことである。ここでも，聴覚を視覚的に表現している。

(3) 聴覚刺激の感じ方

ヒトは，感覚器官のうちで「視覚優位」ともいわれている。しかし，実際には，様々な刺激があり，からだ全体で，各器官がそれぞれの役割で情報を受け取り，処理し，受けとめていることになる。

表4-1は，苧阪（1969）がまとめた「個別感覚の分類表」というものである。縦方向に個別感覚名称，横方向の人名は各個別分類記載者が表されている。

感覚については，アリストテレス（Aristotle，前384年-前322年）

第4章 音の感覚と心理的要素

表 4-1 個別感覚の分類表

個別感覚名 (modality)	感覚器所在部位	相良ら(編), 時実利彦 [1957]	勝木保次 [1966]	桑原万寿太郎 [1967]	久留 勝 [1950]	C. S. Sherrington [1906]	W. J. Crozier [1934]	
1. 視 覚	眼 球 網 膜	r] teleceptor (遠受容器)	specific]somatic 体性感覚(特殊感覚)(脳神経連絡)	]photo r.	純脳型	e]	r]	}高等感覚 }遠感覚 }身体感覚(広義)
2. 聴 覚	内 耳 蝸 牛	m]		m]		e]	m]	}初等感覚 }近感覚 }身体感覚(狭義)
3. 嗅 覚	鼻腔嗅上皮	c] contiguous r. 接触受容器		c]		e]	c]	
4. 味 覚	舌および口腔	c]		c]	中間型 脊髄型	e]	c]	}皮膚感覚
5. 触 覚	皮膚および粘膜	m] pressoreceptor (圧受容器)		]chemo }mechano [r.?]thermo		e]	m]	
6. 圧 覚	〃	r]				e]	m]	
7. 温 覚	〃	r]				e]	m]	}深部感覚
8. 冷 覚	〃					e]	m]	
9. 痛 覚	皮膚, 粘膜および内臓	nociceptor (障害受容器)			純脳型	e] (nociceptive)	m]	
10. 運 動 感 覚	骨膜, 腱, 筋肉および関節部	m] p graviceptor (重力受容器)				p]		
11. 平 衡 覚	三半規管, 耳石器	m]				p]		
12. 内 部 感 覚	消化管, 体内各部	c] visceroceptor (内臓受容器)	]内臓補覚 viscero 内臓感覚	hydroceptor mechano [r.? thermo		i]		
13. (湿 感 覚)	眼瞼, 鼻腔の粘膜							
14. (共通化学感覚) [Crozier, 1916]	頭 動							
15. (測動脈球末端器)								

(注) 縦方向に個別感覚名称, 横方向の人名はその分類記載著者名をとるもちろん, よく用いられる用語は凡例のごとくまとめ, あまり用いられないのは直接記入した. ……で結んだものが一連のグループである.
(凡例) m]: mechanoreceptor (機械刺激受容器), c]: chemoreceptor (化学刺激受容器), r]: radio r. (電磁波受容器), e]: exteroceptive (外感覚), i]: interoceptive (内感覚) 受容器. p]: proprioceptive (自己感覚).

(出典:芋阪良二 編『講座心理学 3 感覚』東京大学出版会)

表4-2 感覚の種類と受容器,適刺激,モダリティの事情

個別感覚名	視	聴	嗅	味	皮　膚 触,圧,温,冷,痛	運動	平衡	内臓
受容器	網膜中の錐体と杆体	蝸牛内コルチ器官の有毛細胞	鼻腔上部の嗅細胞	味蕾に含まれる味細胞	皮膚・粘膜内の自由神経末端,各種受容細胞,対応は明確ならず	筋・腱・関節内の紡錘体	内耳前庭器官の有毛細胞	各種内臓器に付着する受容器
適刺激	電磁波刺激（光）	機械刺激（音波）	揮発性有臭物質	水溶性物質	触,圧：機械刺激,温,冷：電磁波刺激,痛：すべての強大刺激（適刺激なし）	機械刺激	機械刺激	機械刺激,化学刺激
モダリティ	視覚（光覚,色覚）	聴覚（音）	嗅覚（匂い）	味覚（味）	触覚,圧覚,温覚,冷覚,痛覚	?（圧覚の1種ともいえる）	?（経験をもたらさないともいえる）	?（特定の経験ともいえるかどうか）

(出典：藤永保　監修『心理学事典』平凡社)

"De anima" 第2巻に端を発するという考え方もある。アリストテレスは経験に基づき，人間の感覚は，視覚・聴覚・味覚・嗅覚・触覚の五官とし，触覚はさらに温・熱，乾・湿などが複合していると推定している。感じることと判断することは区別したものの，物と心の区別，つまり，物理学と心理学を区別なく考えていた。その後，感覚論の諸研究が積み重ねられ，物理学と心理学の区別が生まれ，現在に至っている。

下等動物においては，感覚は未分化な状態にあるものの，ヒトの感覚は，視覚・聴覚・味覚・嗅覚・皮膚感覚（触，圧，温，冷，痛），運動感覚，平衡感覚，内臓感覚，といった異なるモダリティ（様相：modality）に分かれている。

感覚モダリティ（sense modality）は，「異なった受容器を通して生じた感覚的経験はそれぞれ質的に異なるもの」（『心理学辞典』，1999）で，表4-2のように表される。通常モダリティ同士は互いに関連なく，他の様相に移行することはできない。しかしながら，音を聞くと色を感

じたり，匂いから音を感じたりするなど，特殊な能力を持った者も存在する。

2．共感覚

　共感覚（synesthesia）は，「一つの感覚の刺激によって別の知覚が不随意的（無意識的）に引き起こされる」現象である。共感覚"synesthesia"の語源は，ギリシャ語の"syn"「一緒に・統合」と"aisthesis"「感覚」とを合わせたものといわれている。

　文学者ゲーテ（Johann Wolfgang von Goethe, 1749-1832）は，『色彩論 第6編―色彩の感覚的精神的作用（Zur Farbenlehre, 1810）』において，「個々の色彩は，それぞれ独特の気分を心情に与える」とし，「黄色―暖かい快い印象，光に最も近い。緑―安らぎ，現実的満足。青―何か暗いものを伴う，空虚で寒い感情を与える，陰影を与える，眼に対して作用する。赤―高い品位，厳粛で華麗，（暗い赤でない場合は愛らしさと優美。）としている。又，黄，橙，赤は強烈な効果を，青緑，菫，深紅は温和な効果をもたらす」と述べている（志賀，2002）。

　暖かみを感じる赤や橙色などを「暖色」（warm colors），寒さを感じる色のことを「寒色」（cold colors）といい，色彩表現でありながら，いずれも触感的温感表現で表されている。

　共感覚には，音に色が見える色聴，数に色が見えるもの，文字に色が見えるものなど，様々な感覚の組み合わせが存在する。感じ方は様々で，同種の共感覚者同士でも，個人差があり，各人独特の感じ方がある。また，その感じ方の程度も，確固たる確証を持つものもあれば，そのような感じがするといった程度のものまで，バラエティーに富んでいる。また，共感覚は一方向性で，音を聞いて色を感じる者が，色を見て音を感

表4-3　さまざまな種類の共感覚の相対頻度

タイプ	頻度(%)	タイプ	頻度(%)
emotions→flavors	0.30%	orgasm→vision	1.99%
emotions→odors	0.20%	pain→sounds	0.10%
emotions→sounds	0.10%	pain→vision	4.97%
emotions→vision	2.38%	personalities→flavors	0.10%
flavors→sounds	0.60%	personalities→odors	0.50%
flavors→temperatures	0.10%	personalities→touch	0.10%
flavors→touch	0.50%	personalities→vision ("auras")	5.26%
flavors→vision	6.06%	phonemes→vision	8.34%
general sounds→vision	15.09%	sounds→flavors	5.56%
grapheme→touch	0.10%	sounds→kinetics	0.79%
grapheme personification (OLP*)	3.18%	sounds→odors	1.39%
graphemes→vision	61.67%	sounds→temperatures	0.50%
kinetics→personality	0.10%	sounds→touch	3.77%
kinetics→sound	0.99%	spatial sequence (number form)	*****
kinetics→vision	0.40%	temperatures→sounds	0.10%
lexemes→flavors	1.69%	temperatures→vision	2.09%
lexemes→odors	0.30%	ticker-tape	*****
lexemes→touch	0.50%	time units→sounds	0.10%
lexemes→vision	0.30%	time units→spatial coordinates	*****
mirror touch	*****	time units→vision	21.25%
musical notes→vision	8.34%	touch→flavors	0.99%
musical sounds→flavors	0.50%	touch→odors	0.40%
musical sounds→spatial coordinates	0.10%	touch→sounds	0.30%
musical sounds→vision	18.57%	touch→temperatures	0.10%
non-graphemic ordinal personification	*****	touch→vision	4.07%
object personification	*****	vision→flavors	3.18%
odors→flavors	0.10%	vision→kinetics	0.10%
odors→sounds	0.50%	vision→odors	1.09%
odors→temperatures	0.10%	vision→sounds	2.78%
odors→touch	0.50%	vision→temperatures	0.30%
odors→vision	6.45%	vision→touch	1.79%
orgasm→flavors	0.10%		

***** = **insufficient data**

注記：さまざまな種類の共感覚の相対頻度。データは，非ランダムサンプルから作成されたショーン・デイの自己報告例1007名の一覧表に基づく。
(出典：http://www.daysyn.com/Types-of-Syn.html)

じるということはないといわれている。

　表4-3は，アメリカの言語学者で共感覚者でもあるショーン・デイ（Day, Sean, 2014）がまとめた，様々な種類の共感覚の相対頻度を表したものである。

　ワードら（Ward *et al*, 2006）は，音から色を感じる共感覚者には，特定の音が共感覚色を引き出し，このタイプには2種類あることを導き出した。一つは，「狭帯域」音→色共感覚（"narrow band" sound → color synesthesia），もう一つは，「広帯域」音→色共感覚（"broad band" sound → color synesthesia）である。「狭帯域」音→色共感覚は，音楽の音色やキーなど，特定の音楽的刺激から特定の色の経験を生成する。「広帯域」音→色共感覚は，例えば，車のクラクションや目覚まし時計のベルなどの環境音から共感覚色を生成することができる。

　なお，帯域とはある広がりを持った範囲のことで，単位はヘルツ（Hz）で表される。「狭帯域：ナローバンド」とは，比較的狭い周波数帯域幅の信号で，一般的に，低速度の情報伝送信号を指す。例えば，無線電話や電話がそれにあたる。「広帯域：ブロードバンド」とは，高速度・大容量の情報伝送信号，かつ，それを用いたインターネット接続環境のことである。

（1）　音と色

　心を揺り動かされる感動的な音楽を何回も聴くと，閉眼状態で，眼内視現象のような主観的感覚（subjective sensation）が現れるというような色聴様経験が起こることが多い。この感覚は，外部刺激がない場合でも，感覚内の原因で生じる。

　ケリー（Kelly, E. L., 1934）は，音と色の感覚的条件付け（sensory conditioning）により，色聴様の連合形成の可能性を実験研究した。

2,000回の音と色の対提示の結果，18人中だれもが音に色覚を伴わない結果が出た。しかしながら，色に対する感度は増したとの報告がある。低音は色を暗く，高音は明るく感じたという。影響を受ける側の感覚の性質（ここでは色）が，影響する同性質の方向に引きづられる現象を共鳴（consonance）というが，実質的な性質変化の信憑性は疑問が残っている。

（2） 音と色が結びつく感覚者

　色聴は，音楽家や画家など芸術家に見られることが多い。絶対音感を持っている人に色聴者が多いともいわれている。

　画家のカンディンスキー（Wassily Kandinsky, 1866-1944）は，『抽象芸術論』（Über das Geistige in der Kunst, 1956/1957）の中で，音楽と色を結びつけて記述している。

　「赤は，たしかに，情熱の要素を帯びた中音や低音のチェロの音色を想い起させる」

　「橙色は，力強いアルトの声か，ラルゴを奏でるヴィオラの音色のようだ」

　「紫は，オーボエや葦笛の音色に似ており，沈んだ色のばあいには，木管楽器（例えば，ファゴットのような）の低い音に似ている」

　ロマン派から近代にかけて活躍したロシアの作曲家スクリャービン（Александр Николаевич Скрябин, 1872-1915）は，色彩への強い関心を持ち，宗教，革命，私生活などからの影響をも合わせ，その作風が大きく変化していったといわれている。例えば，1903年『交響曲第5番』「プロメテウス―火の詩」において，色光ピアノ（カラーオルガン）用の記譜をして色と光を音と同様に重視していた（図4-1）。また，同

第4章 音の感覚と心理的要素 | **61**

SCRIABIN'S MUSICO—CHROMO—LOGO SCHEMA*

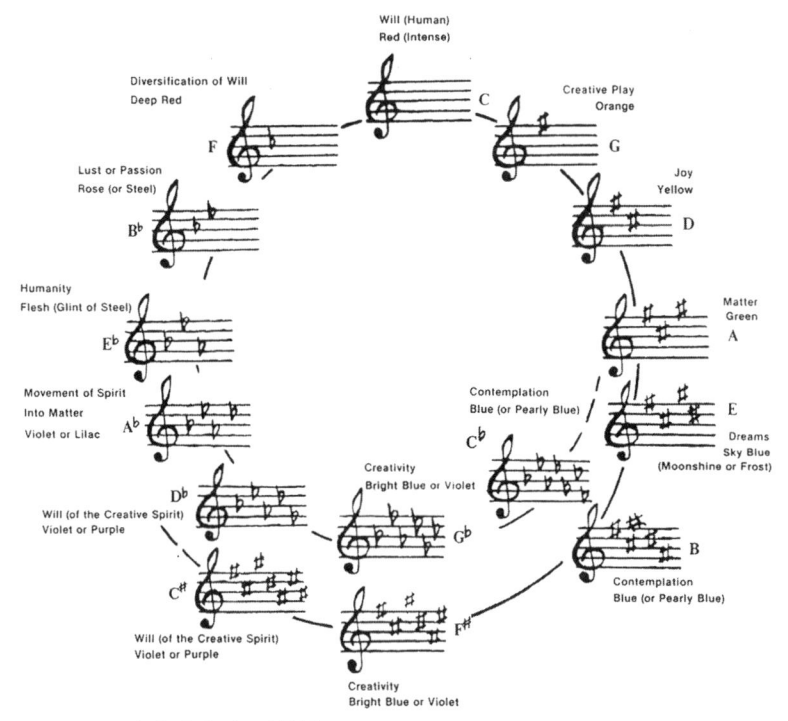

図 4-1 色と光と音の関係
(出典：Alexander Scriabin, "*Poem of Ecstasy*" and "*Prometheus: Poem of Fire*" in Full Score)

じくロシアの作曲家ニコライ・アンドレイェヴィチ・リムスキー＝コルサコフ（Николай Андреевич Римский-Корсаков, 1844-1908）も，調性に色を感じる共感覚者であったといわれる。

　スクリャービンは，音と色の照応を，「ドイツ音名を用いて言えば，Cは赤，Dは黄，Eは青白，Fは赤，Gは橙，Aは緑，Hは空色，Bは

鋼色，Des は紫，Es は金属の色，Fis は青，As は菫色。又，色は意味や情景を表わすとして，青は神秘やヴェール，黄は喜びや活気，赤は苦痛のない快楽，緑はゆっくりもやがかかる」（志賀，2002）と考えていた。

　音階には特定の色があると信じていたが，それ自体は共感覚によるものかメタファーかは定かではない。例えば，ハ長調をスクリャービンは赤，リムスキー＝コルサコフは白，ニ長調をスクリャービンは黄色，リムスキー＝コルサコフは金色がかった黄色としており，両者の対応は見られない。

（3）　音視

　色聴とは逆に，色や形を見ると音や音楽が聞こえるという者もいる。視覚刺激が与えられたときに，聴覚現象を併発することを音視（tone seeing）という。色聴と同様に，ある特定の色などの刺激からある特定の聴覚を伴うものから，「聞こえたように感じる」といったように，イメージ様に感じるものまで，程度は様々である。

3．その他の聴覚的現象

（1）　聞き間違い

　日常生活の中では，だれにでも言い間違いや聞き間違い，書き違いが起こり得る。疲労感や眠気には，これらの行為が引き起こされやすい。また，精神・心理的に悩みを抱えている場合や，気になることに気を取られ，思い違い・聞き間違い・言い間違いも多くなる。これは，「錯誤行為」と呼ばれる。フロイトは，この錯誤行為と心理に重要な関係性を見い出した。この根底には，心理的葛藤がある。錯誤行為が心的行為で

あると把握すれば，何かをしようとする意図がありながら，それを抑圧することが錯誤行為につながり，2つの意図の葛藤の表出と考えられる。

（2） 幻聴

　幻覚（hallucination）は，精神医学用語の一つで，実際には外界からのinputされることのない感覚，つまり"対象なき知覚"を体験してしまう症状を指し，聴覚，嗅覚，味覚，体性感覚など，様々な感覚器官に起こり得る。それに対して，実際にinputされた感覚情報を誤って体験する症状は錯覚と呼ばれている。

　幻聴（auditory hallucination）とは，聴覚の幻覚であり，実在しない音や声がはっきりと聞こえる現象のことをいう。主に，統合失調症の陽性症状に見られる現象である。

演習問題

・画家や音楽家の共感覚者を見つけて，どのような感覚であるのか調べてみよう。

引用文献

志賀真知子（2002）『スクリャービン　ピアノ音楽語法の変遷－小品からのアプローチ－』芸術21大阪芸術大学紀要25，pp.54-66

目黒惇編（1977）『新音楽辞典　楽語』音楽之友社

最相葉月（2006）『絶対音感』新潮社

丸山欣哉（1969）『感覚間相互作用』八木監修，苧阪良二編『講座心理学3　感覚』東京大学出版会

藤永保監修（1981）『心理学事典』平凡社

中島義明・安藤清志・子安増生・坂野雄二・繁桝算男・立花政夫・箱田裕司編（1999）『心理学辞典』有斐閣

カンディンスキー著　西田秀穂訳（1957）『抽象芸術論』美術出版社（Kandinsky, 1956, Über das Geistige in der Kunst）

氏原寛，成田善弘，東山紘久，亀口憲治，山中康裕編集（2004）『心理臨床大事典』培風館

乾吉佑，亀口憲治，東山紘久，氏原寛，成田善弘編集（2005）『心理療法ハンドブック』創元社

Day, Sean, Types of synesthesia. (2014), Types of synesthesia. Online: http://www.daysyn.com/Types-of-Syn.html（20150109 accessed）

http://courses.evanbradley.net/wiki/doku.php?id=different_types_of_synesthesia（20150109 accessed）

Alexander Scriabin, *"Poem of Ecstasy"* and *"Prometheus: Poem of Fire"* in Full Score (1995), Dover Publications

ジョン・ハリソン著　松尾香弥子訳（2006）『共感覚——もっとも奇妙な知覚世界』新曜社

5 | 物理的な音

岸根順一郎

《目標&ポイント》 音を物理現象として捉える基本的な見方は第2章で述べた。本章では，もう少し立ち入って「波動としての音」つまり「音波」を捉える見方を述べる。
《キーワード》 波長，周期，音速，ハーモニクス，音の3要素

1. 振動と波動

　波とは振動が伝わる現象である。振動現象を捉える際の基本となるのが，図5-1(a)に示すようなバネにぶら下げた物体の運動だ。物体は，一定の区間を上下に振動する。その上端と下端を結び，これを直径とするような円を思い浮かべよう。そしてその円に沿って一定の速さで運動（等速円運動）する物体を考える。等速円運動する物体の上下方向の動きを追いかけると，これもやはり振動する。じつは，この振動運動はバネにつながれた物体の運動と完全に同期する（もちろん振動の周期をそろえる必要があるが）。言い換えれば，バネにぶら下げた物体の運動は，等速円運動を横から眺めたものに他ならない。このような運動を「単振動」と呼ぶ。ある時刻に，単振動する物体が基準位置からどの程度ずれているかを考えよう。これを振動の「変位」と呼ぶ。変位が時刻とともにどう変化するかを数学的に記述する場合，三角関数が使われる[1]。

　自然科学において単振動が果たす役割は計り知れない。考えてみれば，自然界のあらゆる運動は「どこかへ飛び去ってしまう運動」か再び戻っ

てきて「往復運動」するかのどちらかだ。そして，周期的に往復するタイプの運動はすべて単振動に分解することができる。ここで分解という言葉の意味がわかりづらいかもしれない。これについては後でより詳しく述べる。

次に，図5-1(b)のように2本のばねにおもりをぶら下げたものを2本並べて単振動させてみよう。もちろん，2つのばねが完全に独立していれば互いの運動も全く独立である。そこで2つの物体をゴム糸か何かで結合してみよう。今度は互いの運動が絡み合うことになる。左の物体を先に振動させると，この動きが少し遅れて右の物体に伝わる。「伝わる」ということと「遅れる」ということ，この2点が本質である。しかし，バネ2本の場合の運動はじつは複雑である。左の物体の運動が右の物体の運動に伝わり，今度は右の物体の運動が左に跳ね返る。このサイクルが繰り返された結合運動が起きる。

これに対して，図5-1(c)のようにたくさんのバネを1列に並べて物体間を結合すると事情はむしろシンプルになる。左端の物体をつまんで単振動を始めさせる。すると，この単振動が少し遅れてすぐ右隣りの物体に伝わる。これがさらに右隣に伝わる。こうして単振動が右へ右へと伝わっていく。バネがずっと遠方まで続いているとすれば，この伝搬は一方通行となる。これこそが「波」である。振動状態が遅れて伝わることで波ができるのである。図5-1(c)は，波が立っているある瞬間を写真に撮ったスナップショットだと思えばよい。このとき，物体を線でつないでいくと図のような波が出来上がる。この波の形は三角関数で書ける。そして，波が一つうねる距離（つまり<u>空間的な周期</u>）を「波長」と呼ぶ。図5-1(c)はある瞬間のスナップショットだが，その直後に波は少し右へ進んでいる。波が進む速さを「波の速さ」と呼ぶ。今の場合，バネにぶら下がった物体は上下に振動している。これに対して波は右へ

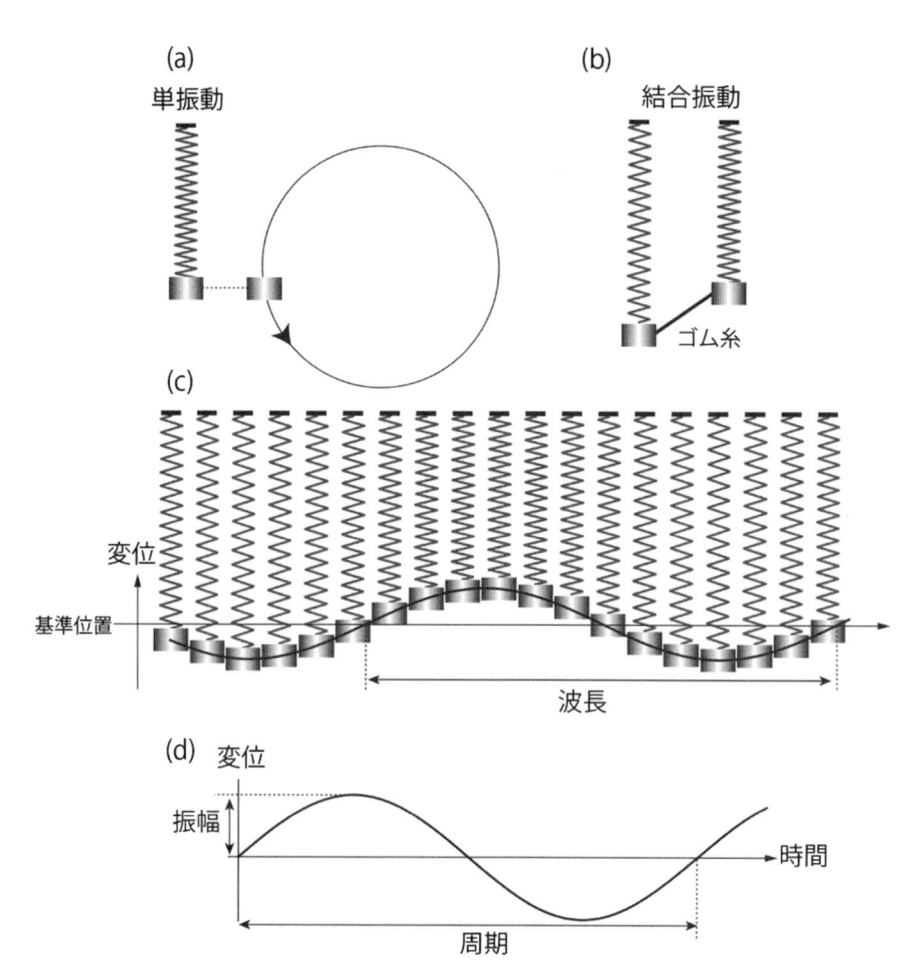

図 5-1
　(a)単振動と円運動は同期する。(b) 2つのおもりをつなぐと振動が結合する。(c)たくさんのバネにおもりをぶら下げて結合する。左端のおもりを揺すると振動状態が右へ右へと伝わっていく。これが波動である。(d)ある場所の物体（媒質）の振動の時間変化を追ったグラフ。(c)と(d)のグラフはともに三角関数で描ける。

進む。つまり振動の向き（変位）と波が進む向きが直行する。このような波は「横波」と呼ばれる。それに対し、図2-1で示したように音は空気の押しくらまんじゅうが伝わる現象だ。押しくらまんじゅうの向きが、そのまま音が伝わる向きになる。変位と波の進行方向が平行になる。このような波は「縦波」と呼ばれる。空気中を伝わる音は縦波である。

　さて、次に左端の物体が時間とともにどう変位するかを考えよう。あくまで左端の物体にだけ着目する。するとこれは単なる一つの物体の単振動に他ならないから、図5-1(d)のように時間とともに振動する様子が記録される。図5-1(d)の横軸が「時間」であることに注意しよう。そして、時間とともに物体が1回振動するのに要する時間（つまり時間的な周期）を単に「周期」と呼ぶ。関連して、一つの物体が「1秒間に何回単振動するか」を考えよう。この回数を「振動数」または「周波数」と呼ぶ[2]。周期が0.5秒なら、1秒間に2回振動する。周期が2秒なら、1秒間に0.5回振動する。このように、振動数は周期の逆数である。つまり振動数と周期の間には

$$f = \frac{1}{T}$$

の関係がある。また、図5-1(d)に示すように変位のブレ幅を「振幅」と呼ぶ。振幅が大きいほど「大きな波」つまり「強い波」となる。一方、波の伝わり方は波長と振動数で決まる。波長と振動数で決まる情報を「位相」の情報と呼ぶ。この意味で、波動とは「振幅と位相」によって記述される現象である。

　物理を専門に学ぼうとする人でも、波動の概念を初めて受け入れる際に困難を感じることが多い。困難の原因は波動が「空間的にも時間的にも変動する」現象だからである。図5-1(c)は時間を止めて物体の変位を連ねたものであり、空間的な波形を表している。この波形は三角関数

で書ける。このような波は「正弦波」と呼ばれる。正弦とはサイン関数（sin）を意味する。一方，図5-1(d)は，場所を止めて（つまり一つの物体に着目して）物体の変位を追った時間的な波形である。この波形も三角関数で書ける。なんとなく波打った絵を見せられても，それが空間的波形を意味するのか時間的波形を意味するのかつかみにくいのである。この事情は，波動を数式で書いてしまえばむしろすっきりするのだが，本書ではそこに立ち入らないことにする。ここでは，図5-1(c)と(d)の違いをよく見比べられれば十分である。

2．波の足し算：重ね合わせの原理

　図5-1(c)で，左端のバネと右端のバネを同時に引っ張って放してみる。すると両端から2つの波が生じる。これらの波はそれぞれ進行して出合うことになる。このとき，結果としてどんな波が立つだろう。この問いにはとても明快な答えが用意されている。つまり，左端で生じて右に進む波の変位と，右端で生じて左に進む波の変位を単純に足せばよいのである。これを「重ね合わせの原理」と呼ぶ。2つの波が重なり合ってできる波は「合成波」と呼ばれる。合成波ができる仕組みは絵解きで理解できる。波と波を足して別の波が作られる様子を理解することは，音響を理解する上でも極めて重要だ。

　例えば図5-2(a)は全く同じ2つの波を重ね合わせたものである。グラフの横軸は空間的な距離だと思ってもよいし時間だと思ってもよい。無用の混乱を避けるため，ここではひとまず横軸を時間としておこう。2つの波を「重ね合わせる」というのは，場所場所での変位を足し合わせることを意味する。図5-2(a)の場合，全く同じ波形を足すのだから，単に波形が上下に2倍引き伸ばされたものが合成波になる。

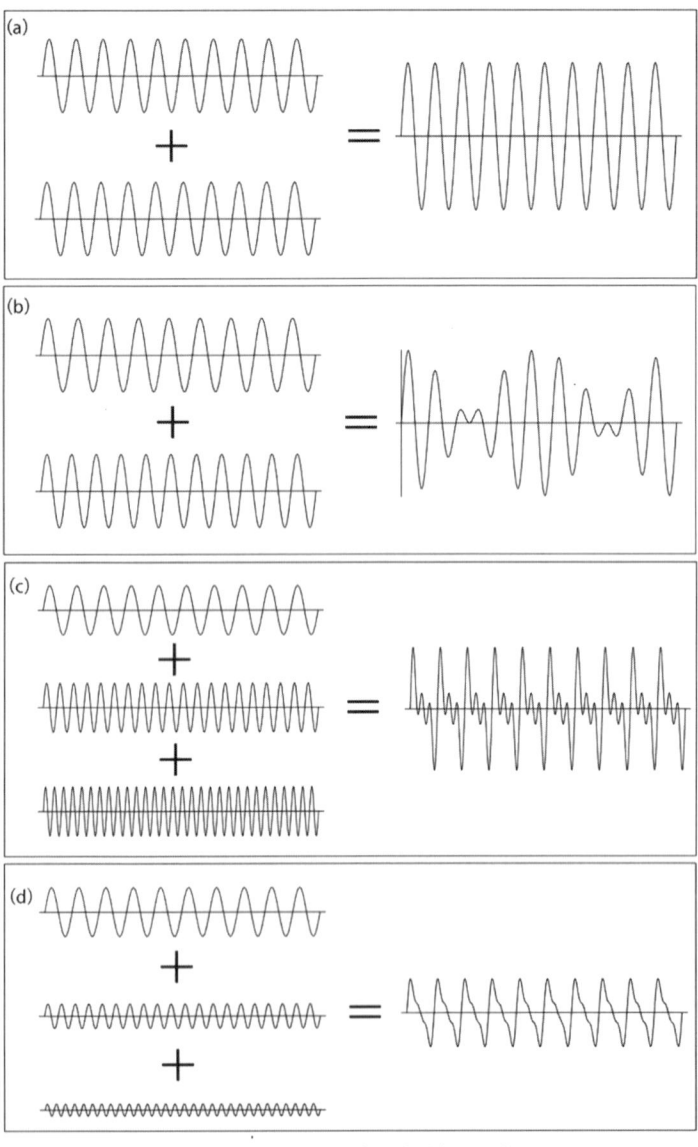

図 5-2　いろいろな波（正弦波）の重ね合わせ

重ね合わせ，つまり「波の足し算」は異なる波を重ね合わせたときに本領を発揮する。例えば図5-2(b)に，わずかに周期の異なる2つの波の重ね合わせを示した。この場合，合成波は細かい波が大きなうねりで変調されたものになる。音波の場合にこのようなことが起こると，私たちの耳はブーンブーンと不快に唸る音を聴く。この現象を「うなり（ビート）」と呼ぶ。暑い夏の晩に蚊の羽をブンブンと唸らせて顔の周りを飛び回るのは不快なものである。この現象は，蚊の右の羽と左の羽がわずかに異なる周期で振動するためにこのような唸りが生じるのである。両方の羽を全く同じ周期で震わせることができるのなら，蚊が飛び回る音も不快でなくなるのかもしれない。

　もっと面白いことは，周期が2倍，3倍・・・というように整数倍だけ異なるいくつかの音を重ね合わせる場合に起きる。図5-2(c)に，周期が3：2：1である3つの波を重ねてできる合成波を示す。元々の基本的な波からは思いもつかないような波形が現れている。図5-2(c)の場合，周期が異なるが振幅は等しい3つの波を重ね合わせた。これに対して，周期が短い波の振幅を少しずつ小さくして重ね合わせると，図5-2(d)のようにのこぎり刃のような波形が現れる。

　この考察を進めると，じつはありとあらゆる周期的な波形は周期の異なる単振動の重ね合わせとして表せそうに思える。これは実際に正しい。逆に，あらゆる周期的な振動は単振動に分解できるのだ。これを「フーリエ分解」と呼ぶ。

　例えばギターの弦をつまんで弾いてみる。一か所で弦をつまむので，はじめ三角形状の変位ができる。手を放してこれを開放すると，いろいろな周期を持つ正弦波が重なり合った音が出る。身の周りの音は，こうして単振動に分解できるのである。単振動の重要性は，まさにこの点にある。

本節では，横波を使って振動と波動の説明をした。すでに述べたように，音波は縦波である。この読み替えを行うには，図5-1(c)のようにぶら下げたバネではなく，図5-3のように一直線につなげたバネを考えればよい。一端を揺すれば，その振動が縦波として右へ伝わっていくことが理解できるだろう。この場合でも，各物体は左右に単振動しているだけである。横波と縦波の違いは，媒質の振動の向きが横か縦かというだけのことである。

図5-3　縦波が伝搬する様子

3. 音の3要素：大きさ，高さ，音色

以上で波動としての音について基本的な事柄を一通り述べた。これらの知識を踏まえて音の性質をまとめよう。「大きさ」，「高さ」，「音色」を音の3要素と呼ぶ。大きさは音圧の振幅の大小であり，デシベルで測られる。また，音の高さは振動数で決まる。音の高さを人間の聴覚がどうらえるか。これは第2章で触れたウェーバー・フェヒナーの法則に従っている。第2章で述べたように，A音（ラ）の振動数は440Hzである。聴覚的に1つ高いA音が聞こえるのは，振動数が2倍の880Hzとなる場合だ。振動数が2倍になることを，「音の高さが1オクターブ上がる」という。さらに1オクターブ上の音は，880Hzの2倍の1760Hzである。このように，基準となる音から出発して，2，$4=2^2$，$8=2^3$，$16=2^4$・・・倍の振動数のオクターブ数はそれぞれ1，2，3，4・・・ということになる。ここでもまた対数法則が成り立っているのである。

そして最後に音色は波形で決まる。まず，波形が周期的かどうかが重要だ。図5-4(a)にピアノ，図5-4(b)にバイオリンから出る波形を示す。これらの音はきれいな周期性持つことがわかる。そして周期的な波の形はいくつかの単振動，つまりハーモニクスの重ね合わせになっている。こうして，特定の楽器特有の波形が作られる。これに対して，図5-4(c) は手を打ったときに出る音の波形である。この波形には周期性が認められない。もちろん，バイオリンの音にピアノの音が混ざったり演奏のパターンを変われば波形が変わる。大切なことは，波としての周期性が一定の時間継続することである。人間の耳は，この種の音波を音楽的な音，つまり楽音として聴きとるのである。

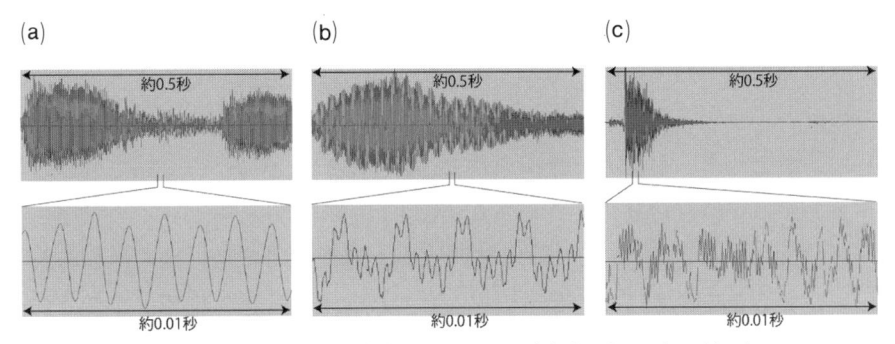

図5-4　(a)ピアノ，(b)バイオリン，(c)手を打つ音の波形

4. 位相と干渉

「振動が次々と伝わるのが波動である」という言い方をしてきた。しかし，「振動が伝わる」という言い方は少々曖昧である。振動するだけならば，すぐ右隣りの物体が振幅も周期も異なる振動をしてもよいことになる。わかりやすい例えを使おう。ずらっと1列に人を並べる。そして左端の人が上下に屈伸運動を始める。すぐ右隣りの人は，これを追いかけて完全に同じパターンの，つまり<u>振幅も周期も等しい</u>屈伸運動する。その右隣の人はさらに少し遅れて屈伸運動する。こうして屈伸運動がきれいな伝言ゲームのように右へ右へと伝わっていくとすれば，これはまさしく図5-1(c)と同様の正弦波になる。ところが，人によって振幅が違っていたり周期がちぐはぐだったりしたらどうなるだろう。左端の人の屈伸運動のパターンについての情報は崩れ，遠方に伝わることは不可能だ。

このように，振動のパターンが<u>変わらず</u>に次々と伝わっていくということが理想的な波動の性質である。この，「振動のパターン」を「位相」と呼ぶ。英語ではphase（フェイズ）だ。場所場所でばらばらの振動が生じている現象を「波」とは呼べない。波とは，位相の情報が維持されて伝わっていく現象なのだ。位相こそが波の本性だといってもよい。では，位相が維持された素性の良い波動ならではの現象はいったい何だろう。その答えが「干渉性」である。英語ではcoherence（コヒーレンス）という。図5-2に示したのは，いずれも干渉性を持つ波の重ね合わせである。干渉性を持つからこそ，これらの合成波もまた干渉性を持つのだ。

干渉性を持つ波同士の重ね合わせは，じつに豊かな波動現象を生み出す。その筆頭が「定常波」の形成だろう。ビール瓶に口をつけて息を吹

き込むと，ボーボーと大きな音が響くことがある。これは音の干渉性の現れである。ビール瓶の中に入っていく音が入射音である。そしてビール瓶の底で反射される。これが反射音である。入射音も反射音も干渉性を維持している場合，これらは重なり合って新しい波となる。問題は，入射波と反射波の進行の向きが逆だということだ。これらの合成波はいったいどちらに進めばよいのか。この場合，どちらにも進む波というのはあり得ないので，どちらにも進まない，つまり全体として静止した波ができる。これが定常波である。図5-5に，有限の長さの弦の一端を振動させた場合にできる定常波の様子を示す。両端は押さえられて振動できないので，波長がちょうど弦の長さとかみ合ったときにだけ定常波ができる。もう少し正確にいえば，弦の長さが「波長の半分」の整数倍になる時だけ定常波ができるのだ。つまり，音波固有の波長と，これが閉じ込められる弦や管の長さがうまくマッチした時だけ定常波ができる。この意味で，定常波ができている状態を「共鳴」状態と呼ぶ。

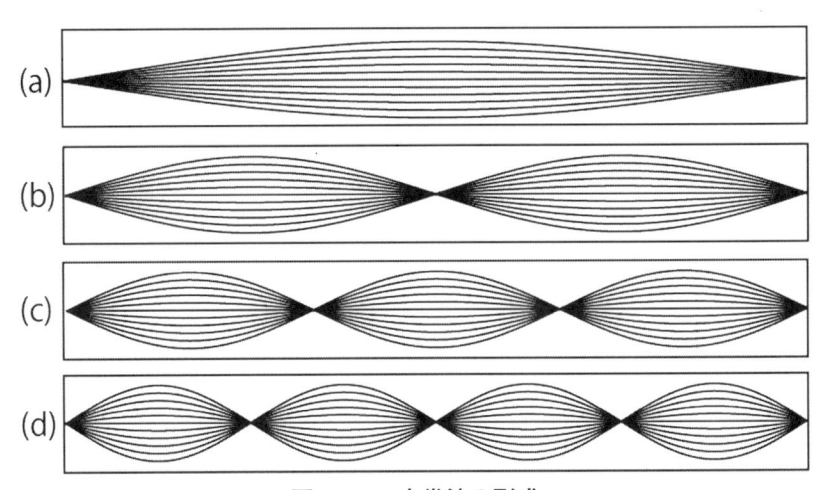

図5-5　定常波の形成

ビール瓶に息を吹き込んで共鳴が起きれば定常波ができて大きな音が出る。これは立派な「楽器」である。定常波の形成は，楽器が音を生み出す上で最も重要な物理現象の一つである。ギターやバイオリンなどの弦楽器は弦に音波を閉じ込める。オーボエやフルート，クラリネットといった管楽器は管に音波を閉じ込める。太鼓などの打楽器では，枠で押さえた膜を振動させて定常波を作る。

　さて，これまではもっぱら直線に沿って進行する波だけを考えてきた。しかし，太鼓をたたけばその音は四方八方に伝わっていく。音源から発信された位相の情報が，同心球状に伝わっていくと捉えるのが適切である。図2-1を思い出そう。そこでは一直線に沿って進む音波の様子を描いた。しかし，実際には空気の粗密が同心球状に広がっていくのだ。球面だとわかりにくいので，図2-1には円形に広がる2つの波を示してある。これは，池の表面にボールを浮かべて揺すった場合にできる波と同様である。

　波の本性は，ボールを2つ浮かべて揺すった場合に現れる。図5-6では，波の変位が最大となる場所を実線（山）と破線（谷）で示してある。これを見ると，縞模様が浮かび上がっているのが一目瞭然だ。2つの波の山と山，あるいは谷と谷が重なった部分は大きく揺れる。それに対して，山と谷が重なると変位が打ち消しあって媒質の振動が消える。こうして，大きく揺れる個所を連ねていくと何本かの縞模様ができることになる。干渉効果は，まさに波が位相を持つことの直接的な現れである。

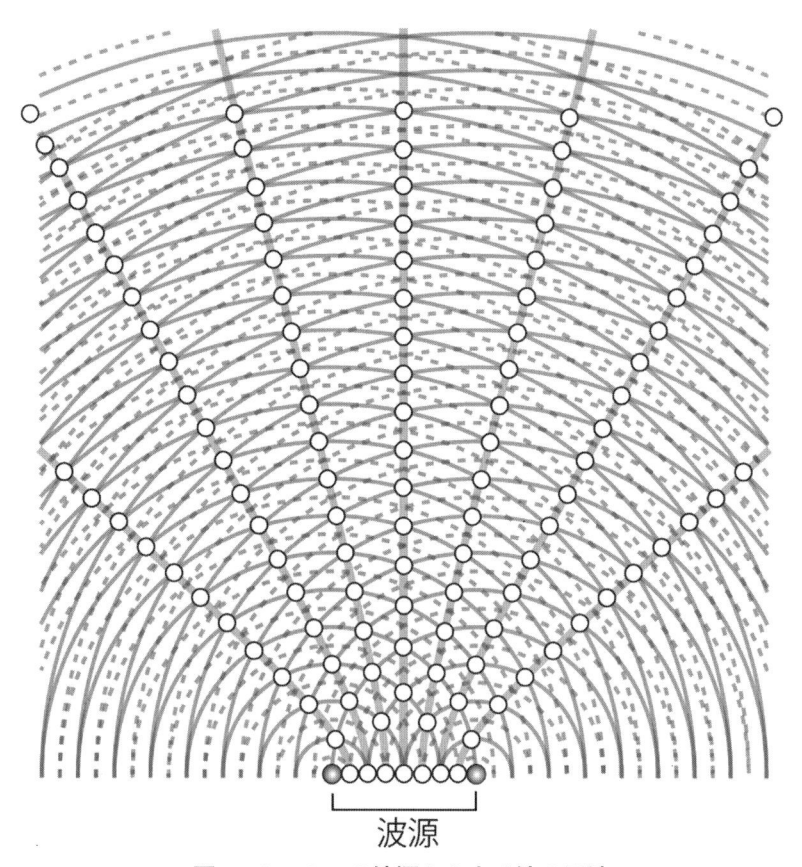

図 5-6　2つの波源から出る波の干渉
　2つの波の山と山，あるいは谷と谷が重なった部分は大きく揺れる個所を○で示す。これをつなぐと干渉縞が浮き上がる。

5. 音速の起源

　音の3要素について述べたが，もう一つ，音の性質として重要なものをまだ議論していない。それが「音速」である。空気中の音速は，だいたい秒速340m程度である。では，この値が一体どうやって決まるのだろう。ここでは立ち入った物理の話を避けて大雑把に議論しよう。

　第2章で，空気バネの振動，つまり音圧の振動が伝わっていくのが音波であるという見方を述べた。この見方に立って音速の公式を提案したのはニュートンである。ニュートンは，近代自然科学の金字塔とみなされる著書『プリンキピア（自然科学の数学的原理）』(1687年) 第2篇第8章で，「音速が弾性力と媒質の密度の比の平方根で決まる」と述べている。じつはこの結果は実際の音速をうまく説明しない。ニュートンが与えた公式によると，0°，1気圧の空気中の音速が約秒速280mと出てしまう。これは，実際の値である秒速332mと比べてかなり小さい。このずれの原因は，ニュートンが一つ間違った仮定を置いたことによる。その仮定とは，空気が圧縮されたり膨張したりする過程で温度が変化しないというものだ。このような変化は「等温変化」と呼ばれる。

　しかし，空気を急激に圧縮すると温度は上昇する。逆に，急激に膨張すると温度は下がる。例えば底が閉じられたパイプに綿のかたまりを少しだけ入れ，パイプに棒を差し込んで勢いよく押し込むと綿から発火する。このような過程は，温度が一定の過程とみなすべきではなく，熱のやり取りが遮断された過程としてみなすべきなのだ。このような過程を「断熱過程」と呼ぶ。空気が圧縮された場合の圧力の変化を考えると，等温変化の場合と断熱変化の場合で違いが生じる。この点を正しく認識してニュートンの公式を改めたのがラプラスであり，1816年のことである。彼は断熱変化の際の圧力変化を正しく議論し，実際の音速を正しく

導き出すことに成功した。

> **演習問題**

1. ワイングラスに音波を当てると飲み口の付近が振動して定常波が形成されることがある。人によっては，自分の声でワイングラスを割ってしまうことのできる人もいる。ワイングラスの口にどのような定常波ができるだろうか。図5-5を参考にいくつかの定常波の様子を描いてみよう。
2. 壁に向かって音波を入射すると，壁から反射された音が干渉する。この場合の干渉の様子を，2つの音源から出る音波の干渉（図5-6）と比較せよ。また，このような干渉が音響にどのような影響を与えるか考えてみよう。

《本文脚注》

(1) 三角関数について習ったことのある方は，sin（サイン），cos（コサイン）が円と結びつけて定義されることを思い出してほしい。これが，単振動が円運動と結びつく理由である。
(2) 日本語では伝統的に振動数と周波数という言葉が混在しているが，英語ではともに frequency である。本章では，「振動数」で統一することにする。

参考文献

小橋豊（1987）『音と音波』裳華房

6 | 楽 器

高松晃子

《目標＆ポイント》 身近な道具から人間の身体まで，楽器になり得るものをできるだけ広く捉え，分類することから始めよう。続いて，自然の音，動物の音の模倣をする楽器を取り上げる。その後で，身近な楽器の歴史，構造，音程，音組織，音色などを扱う。楽器は，その音楽文化の要求に合わせ，また，人が扱いやすいように，様々な工夫が凝らされていることを理解しよう。
《キーワード》 音高，音程，倍音，調律，音色，うなり

1. 楽器を分類する

　楽器のことを英語でmusical instrumentというが，一般的にはinstrumentだけでも通用する。instrumentとは「道具」を意味するので，musical instrumentとなればさしずめ「音楽を演奏するための道具」といったところであろう。むしろ逆に，道具が先にあり，そのあるものは音楽の場で用いられ続けたことで楽器としての役割を獲得した，といった方がよいかもしれない。オーケストラで使用されるような精密で繊細な楽器ばかりでなく，身近な道具から人間の身体まで，潜在的に楽器となり得るものはたくさんある。まずは広い視野をもって楽器の世界を眺めてみよう。

　サイレンや目覚まし時計，木魚，鐘といった日常的な道具を音楽に用いた，有名な例がある（図6-1）。これらの道具は音を出すことを目的に作られているので，音楽に用いられても不思議はないだろう。しかし興味深いことに，音を出すのが目的ではない道具，例えばタイプライ

第 6 章　楽 器　｜　81

図 6-1　グスタフ・マーラー《交響曲第 6 番》で用いられた様々な道具を揶揄(やゆ)した風刺画

（出典：1907年 1 月10日付の雑誌 *Die Muskete*）

ターや木槌などでさえ，楽器としての仕事を充分に果たしてきた。他にも，私たちの周辺には，用い方次第で楽器になり得るものがたくさん見つかるだろう。

　では，音を出す道具にはどのようなものがあるか，分類して整理してみよう。分類するという行為は，あらゆる角度から対象を観察することによってはじめて可能になる。楽器の形状，振動源，演奏者の動作，発音のための仕組み，材料，用途や目的など，分類の基準となりそうな要素はたくさんあり，そのどれを選ぶかによって，また，だれがどのような目的で分類するかによって，グルーピングは変わってくる。ただ重要なのは，統一的な基準で分けるということだ。その点でいうと，弦・管・打・鍵盤という伝統的なカテゴリーは基準の一貫性に欠けるため，あらゆる楽器を分類するには適当でない。より合理的な分類を目指して考案されたのが，ザックス＝ホルンボステル分類法（SH 法）[1]である。この方法では分類の根拠を「発音原理」に一本化し，体鳴，膜鳴，弦鳴，

気鳴，電鳴の5つのカテゴリーに分類する．これらはそれぞれ，そのモノ自体に刺激が与えられて音を出す楽器，張られた膜に刺激が与えられて音を出す楽器，張られた弦に刺激が与えられて音を出す楽器，空気の流れが刺激となって音を出す楽器，と定義される．後から追加された電鳴楽器には，当初，楽器の出す音の強さを電気的に増幅する電気楽器と，音自体を電子的に作り出す電子楽器が考えられていた．しかし近年は，発音体そのものが弦であるエレキギターや電気ピアノは弦鳴楽器のグループに入れ，電鳴楽器のグループには電子的な発音原理を持つものだけを入れるようにしている．

　弦・管・打・鍵盤方式とSH法の違いを感じ取るために，ハープシコード，リコーダー，パイプオルガンという3つの楽器を考えてみよう．前者の方式では，リコーダーは管楽器であるのに対して，ハープシコードとパイプオルガンは同じ鍵盤楽器という仲間に分類されるが，後者の方式ではリコーダーとパイプオルガンが気鳴，ハープシコードが弦鳴楽器ということになる．SH法で同じグループに入るリコーダーとパイプオルガンは，形状も大きさも全く異なっているが，発音原理を同じくするために音色はよく似ているので，SH法の妥当性が実感できるだろう．

　ただ，一般的な分類法を用いたグルーピングは，オーケストラの楽器配置を見てもわかるように，西洋の伝統的な音楽を相手にする場合に限っては便利なこともある．例えば，鍵盤楽器として括られるパイプオルガンとハープシコードは，活躍した時代が近く，楽器の形状や演奏法も似ていることから，音楽のレパートリーを一部共有することができた．この歴史的な経緯を踏まえると，この2つが鍵盤楽器として括られることに共感はできるであろう．このように，弦・管・打・鍵盤方式は文脈を限定してグループを作る際に便利な分類法だが，SH法はあらゆる楽器を統一した視点で分類するのにきわめて合理的な方法だといえる．

2. 生きものから生きものへ

　私たちが知っている楽器は，祖先をたどっていくとたいてい，動物の角や皮，植物の茎や実，石など，身の周りの生きものや自然の生成物に行き着く。そして，人が音の出る道具を手にしたときにまず試みたくなるのは，やはり身近な生きものの声や自然の音を模倣することのようである。生きものから生きものへ，その実例が古今東西に多くある中から，ここでは3つ紹介しよう。

　譜例6-1aに挙げたのは，10世杵屋六左衛門が作曲して1845年に初演された長唄の名曲，《秋色種(あきいろのくさ)》から，〈虫の合方(あいかた)〉である。ここでは，もともと猫や犬の皮，絹糸や象牙，木材で作られた三味線を用いて，盛

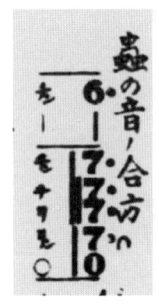

譜例6-1a　《秋色種》から〈虫の合方〉（吉住 1924）

　2つ目の部分に，左手で三の糸の「7」のポジションを押さえ，右手で「弾く・弾く・すくう・はじく」との指示がある。その左側に「チン　チリリン」の唱歌(しょうが)が付されている。

（出典：国立国会図書館）

譜例6-1b　五線譜ではこのようになる　　　　　　　　　　（作図：高松晃子）

んに秋の虫の声が描写される。典型的な虫の音型は，左手で三の糸の同じ勘所を押さえながら右手で「弾く・弾く・すくう・はじく」と弾くものである。唱歌では「チンチリリン」と表現され，それはマツムシの擬声語表現「チンチロリン」を思い起こさせる。

　もう一つの例は，オセアニアのソロモン諸島で用いられるパンパイプ（図6-2）が，動物の鳴き声を描写するものである。このパンパイプは長さの異なる竹筒を筏状に束ねたもので，息のアタックを変えることで，細く繊細な音から逃げる息を増やした鋭い音まで，いろいろな音色を出すことができる。その多彩な音色や，合奏するときのポリフォニックな音の動きを活かして，カエルやネズミ，人の泣き声などを描写する。

図6-2　ソロモン諸島のパンパイプ

図6-3　モリンホールを馬に聞かせる
（出典：*The music of the Mongols*, Tryckeri Aktiebolaget Thule, 1943）

3つ目の例として，モンゴルのモリンホールと呼ばれる馬頭琴を挙げる。「馬の（モリン）楽器（ホール）」を意味するモリンホールは，弦も弓も馬の尾毛で作るのが本来の製作法である。2本の弦には300本以上の細い糸が用いられており，それを150本程度の糸を張った弓でこすって音を出す。モンゴルの人たちは，この楽器を，人に聞かせるというよりは自分の慰めのために弾くか，馬に聞かせてコミュニケーションを図るために用いてきた（図6-3）。特に，母馬が子馬に乳をやらないときにこの楽器の音を聞かせると，母馬が涙を流し，子馬に愛情を注ぐようになるともいわれている。

3. 楽器の発達

　次に，身近な楽器を取り上げて，発達の歴史や音高，音程，音組織，音色などを見ていこう。現在のオーケストラで活躍する気鳴楽器であるホルンは，その名のとおり動物の角（horn）が祖先である。現在の楽器は金属で作られているが，伝統的な分類では木管楽器であり，角笛の記憶を残す柔らかな響きで，金管と木管の間を取り持つ重要な役目を担っている。この楽器の誕生から現在までを，簡単に振り返ってみよう。

　古代の人たちは，牛や羊などをしとめると，食しただけでなく革やひずめ，毛や角など，あらゆる部位を有効活用した。角はたいてい中が空洞で丈夫なので，先端に穴をあけさえすれば簡単な楽器になる。ホルンの原型である角笛のよく通る音は，狩猟や儀式，戦いの場面で合図として使用された。17世紀になって，銅や真鍮（しんちゅう）を加工する技術を得ると，馬上で使用しやすいように細い管を一周させて，肩に担げる形にした。ベルが後ろ向きになっているのも，持ちやすいだけでなく，先頭にいる

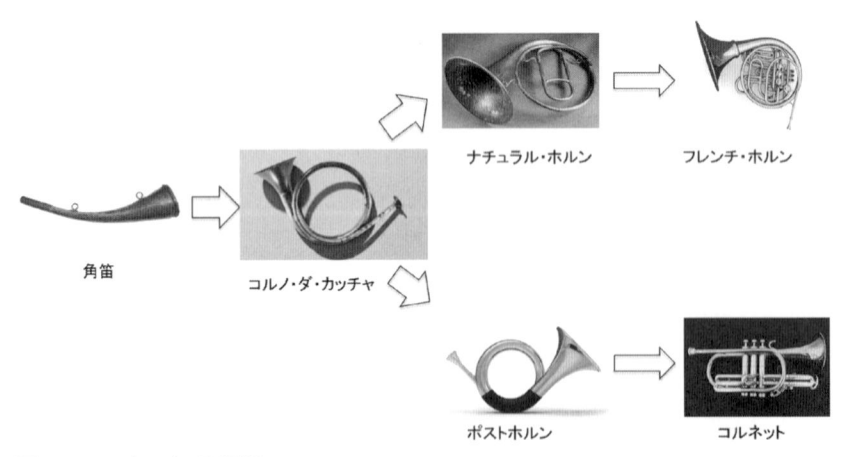

図 6-4　ホルンの変遷

リーダーの合図が後ろに聞こえるようにとの配慮からである。こうしてできた「コルノ・ダ・カッチャcorno da caccia（狩りの角笛）」から，郵便馬車の合図として使用されたポストホルンと，音楽の演奏用ホルンが分岐したのである（図6-4）。

　ホルンの中には，管を丸めず直線的な形状を保ってきたものもある。スイスの高山地帯で酪農家が牛を呼び寄せるために用いていたアルプホルンがそうで，指穴はなく，自然倍音列の音しか出すことができない。モーツァルトの父レオポルド・モーツァルトがアルプホルン（図6-5）のために協奏曲を残しているが，その編曲版をホルンの名手デニス・ブレインが水まきホースで演奏したことがある（図6-6）。アルプホルンも水まきホースも，唇の振動を工夫することで音高を変えながら，指穴のない長いパイプを吹くという原理が共通しているからこそできる芸当である。

　ホルンを含む金管楽器の歴史は，全ての音階音を出すために，自然倍

図6-5　アルプホルン

図6-6　水まきホースを吹くデニス・ブレイン

音列（譜例6-2）の隙間をどのように埋めるかという問題克服のために試行錯誤を重ねた歴史であった。初期の音楽用ホルンは，ピストンやバルブを持たない，いわゆるナチュラル・ホルンと呼ばれるものだった。息の強さを加減して唇の振動を変えることで音高を変化させたが，それでも自然倍音しか出すことができない。そこで，18世紀のホルン奏者は，ナチュラル・ホルンのベルの中に手を入れて操作することで何とか自然倍音以外の音を出すよう工夫していた。しかし，どうしても音高は安定

譜例6-2　管楽器の自然倍音列。この隙間をいかに埋めるかが問題である。

（作図：高松晃子）

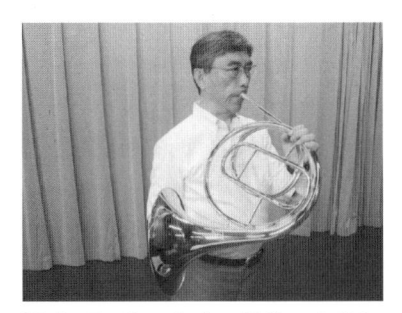

図6-7-1　バルブ・ホルン　　　　　図6-7-2　ナチュラル・ホルン

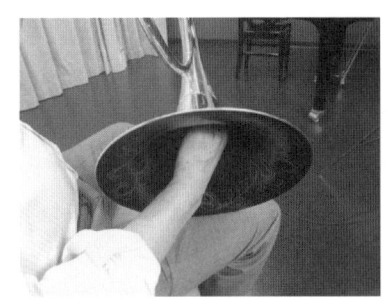

①全部あける

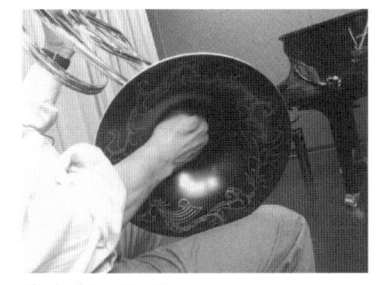

②半分ふさぐ　　　　　　　　　　　③全部ふさぐ
図6-8　ナチュラル・ホルンで自然倍音列以外の音を出すための右手

写真・演奏協力：山本　真（聖徳大学教授／元NHK交響楽団ホルン奏者）

せず，音色にはムラができた。このような制約があったため，19世紀初期までのオーケストラ曲におけるホルン・パートは，どれもよく似た単純な動きにならざるを得なかった。また，調性や音域に合わせて，管の長さの異なる何種類ものクルーク[2]を取り替えながら演奏しなければならないのも，不便なことだった。

　これらの問題を解消するためにバルブを取り付けるようになったのは，19世紀中頃になってからである。つまり，モーツァルトの有名なホルン協奏曲は，バルブ装着以前のナチュラル・ホルンの時代に書かれたことになる。バルブのおかげで半音階が吹けるようになったホルンは，演奏できる音楽の幅が格段に広がったことはいうまでもない。バルブ付きのホルンでは音高変化のために右手をベルに入れる必要はないのだが，現在もその習慣が続いているのはナチュラル・ホルン時代の名残といわれている。ただ，右手で音色の微調整をしたり，独特の音色を出すために作曲家がストップ奏法[3]を指定したりすることは現在でも続いている。

4．波の話

　小学校の音楽室に置かれていた木琴，その音板の並び方などから，同じ材質なら大きいものより小さいものの方が高い音を出すことを，私たちは経験的に知っている。音の高さを表すのに，振動数 Hz という単位が用いられるが，これは文字どおり，ある物体に刺激を与えたときにその物体が1秒間に振動する回数を示している。楽器の場合，振動している様子がわかりやすいのは，バイオリンやギターなどの弦楽器であろう。例えば弦を弾いた場合，その弦は元に戻ろうとして（その一方で動きを続けようとして）ぶるぶると震える。その場合の振動数は一般に，波の伝わる速さを波長で割った値になる。材質と太さの同じ弦が等しい力で

張られているなら，弦を伝わる波の速さは等しいので，長さが半分になれば振動数は倍になり，音は1オクターヴ高くなる。

　弾かれた1本の弦の中で起こっている出来事は，弾かれた衝撃による波の往来で，それはいわゆる定常波という波形を作り出している。この定常波は，波長，周期，振幅が等しい2つの進行波が両端からやってきて，真ん中でぶつかって合成されて作られるものである。

　ほとんどの楽器で，音となる振動を作っているのがこの定常波である。管楽器の場合，音の高さを決めるのは，管の中を行き来する波が重なった結果生じる定常波の振動数である。リコーダーでは，筒の一方が口で塞がれ，もう一方は指で穴を開閉することにより長さが変えられると，波が往来する距離が変わるために音の高さも変わる。トランペットやホルンなどは，管が曲線を描いて幾重にも巻かれているために長さの変化がわかりづらいが，ピストンやバルブの押さえ方によって管の迂回経路を変えて長さを調節する。ただ，これらの金管楽器の場合，先述したように唇の振動も音高を決定する大きな要因になる。同じ管の長さでも，唇の形を変化させて異なる倍音を選び取ることで，7つ以上の音高を出すことができるのである。

5. 音を並べる

　前述のように，管や弦を鳴らす楽器の場合はその長さによって音高が決まるため，どんな形状の楽器であっても，管や弦を押さえた間隔が狭くなるほど音が高くなると決まっている。しかし，音高の定まった独立した音板や弦を複数並べる楽器の場合，その配列は物理的な理屈よりも文化依存的で恣意的である。パソコンのキーボードで，よく使われるキーほど強く器用な指に割り当てられているのと同じように，その楽器

を奏でるのに都合がよいように管や弦が配列されている。西洋の楽器，例えばピアノやシロフォンなどは，左から右へ向かって音板や弦が半音分ずつ短くなっていく（図6-9）。おそらくそれは，楽譜に書かれた和音や旋律を直感的につかみ取るのに好都合だからであろう。

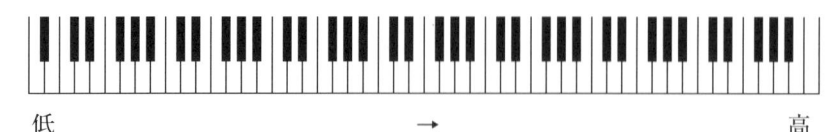

低　　　　　　　　　　　　→　　　　　　　　　　　　高
図6-9　ピアノのキー配列は左から右へ向かって規則的に音高が高くなる
（作図：高松晃子）

箏の調弦は，基本的に向こうの糸（一）から手前の糸（巾）に向かって音が高くなってゆくが，例えば平調子では，一の糸から二の糸へいったん音が下がってから，改めて巾に向かって音が上昇する（図6-10）。さらに，一と五の糸は同音となる。これらは，音楽上の要求と手の動きの都合に合わせた配置であるという点で，文化依存的といえる。

ジンバブエのムビラともなると，そのキーの配列にはいっそう規則性

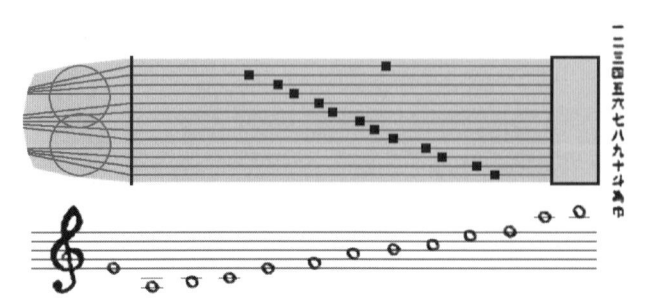

図6-10　箏の基本的な調弦（平調子）
　箏の弦は向こう側から手前へ向かって音高が高くなるが，下がることもあるし同音の糸もある。
（作図：高松晃子）

を見い出しにくいが，ジンバブエの音楽を奏でるためにはムダのない理想的な配列であるに違いない（図6-11）。

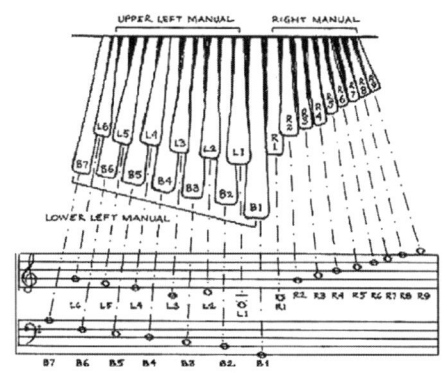

図6-11　ムビラのキー配列
　ムビラのキー配列には規則性を見い出しにくいが，奏法には適っている。
（出典：Berliner, Paul F, *The Soul of Mbira*, The University of Chicago Press）

　複数の弦を鳴らす楽器の場合も，どのくらいの太さの弦を何本張って，それぞれの音をどう合わせるかは，やはり文化依存的である。どんな楽器も，演奏するときにできるだけ無駄な動きを排し，音楽的に理想的な音色で弾けるように考えられている。三味線の3本の糸は，左手の人差し指を押さえたままできるだけ多くの重要な音が押さえられるよう，また，倍音の含み方による音色の性格がよく現れるように張られ，調律される。

6. 音を合わせる―ブレンドか自己主張か

　楽器を鳴り響かせるとき，音楽的秩序に適うように音高や音色を調節する必要がある。その行為を，調律という。

　音楽的秩序から見たときに重要になるのは，単独で演奏したときの心地よさと，（単独でしか演奏されない楽器は別として）他の声や楽器，あるいは同じ楽器を複数同時に響かせたときの心地よさという，2種類の要求を満たすことである。単独で演奏したときには味わいのある音でも，重ねたらどうなるか。楽器の個性を生かしてアンサンブルを築くのか，何かをあきらめて調和を求めるのか。それぞれの文化はいくつかの決断をしていかなければならない。

　ブレンドの妙を求めて澄んだ音を目指してきたのが，西洋芸術音楽のための楽器である。オーケストラは，まとまりのある調和の取れた音宇宙を形成するのが理想だ。そのためには，全ての楽器の音程をそろえ，雑音を排して音色を溶け込ませる必要がある。西洋では，平均律を導入し，サワリや息の音をタブーとし，どの音域でも安定した音が出せるよう，楽器を改良してきた。

　ただ，西洋でも，一時期はノイズを楽しんでいたようだ。例えば，中世のハープは，弦と楽器を結びつけるペグ（ブレイ・ピン）に弦を接触させてノイズを出す工夫をしていた。共鳴弦を持つ楽器として有名なヴィオラ・ダモーレは，18世紀のヨーロッパでたいへん好まれたが，残念なことに活躍した時期はごく短かった。共鳴弦とは，実際にこすったり弾いたりされることはないが，旋律弦の特定の音と共鳴して豊かな響きを作り出すために張られた弦である。共鳴弦があることにより，旋律弦の弾く個々の音の音色や音量，響きに個性が与えられることになる。ヴィオラ・ダモーレの旋律弦はガット弦だが，共鳴弦（図6-12）は金

属製だったので，旋律弦の振動を止めた後に広がる共鳴弦の残響は独特で，目新しかった。しかし，西洋の芸術音楽においては，共鳴弦が作り出す音の個性が逆に仇となったともいえよう。転調のない曲にしか対応でなかったことも，古典派の音楽が台頭する時代にあってこの楽器の活躍の場を狭めた。

図6-12　ヴィオラ・ダモーレの共鳴弦[4]

　現在，共鳴弦を持つ楽器は，ヨーロッパでも民俗音楽の場面で見ることができる。例えばノルウェーのハーディングフェーレやスウェーデンの鍵盤付き弦鳴楽器であるニッケルハルパなどには，現在も，旋律弦とは別に共鳴弦が張られている。さらに，ヨーロッパを離れれば，まだまだ共鳴弦は健在である。インドのシタールやサロードなどでは，旋律弦が弾く曲のラーガに合わせて共鳴弦を調律することによって，雑味のない音を追求することができる。共鳴弦が多いと調律もそれだけ手間がかかるが，共鳴が上手く得られればその効果は大きい。
　この西洋的均一主義とは全く逆に，インドネシア・バリ島の楽器群のように，対立する個性を重んじる文化もある。いっせいに繰り出される青銅の打撃音が，渦巻くようにうなり，うねっていくのを聞くと，それ

は明らかに「溶け込む調和」を目指す西洋の発想とは異なることがわかる。ガムランに使用される楽器は、ふつう2つ一組で機能する。そのため、楽器を作ったり調律したりするのも、2つ同時に行なう。例えば、サロンという鉄琴型の楽器を調律するとき、2台の楽器の同じ音板を取り上げて打ち合わせ、音高を決めていくのだが、そこで重要なのはうなりの付け具合である。調律者は、音板を何度も打ち合わせ、好ましいうなりの周期を見つけるまで、どちらかの音板の裏を削るのである。また、ガムランでは、強烈に響く青銅の音と、全く異質な葦笛（あしぶえ）の音が同居していることも興味深い。こうして「溶け込まない調和」を生み出していく。

　周囲に溶け込まない音は、しばしば「ノイズ」といわれるが、そこに積極的な意味を見い出そうとする文化がある。例えば、アフリカは豊かなノイズ文化を有している。前述のムビラをはじめ、サンザ、カリンバなどと呼ばれるラメラフォン（薄い金属片を指で弾いて音を出す楽器）を手にする人々は、あの手この手でノイズを作らずにはいられない。楽器の正面に針金を渡し、そこに巻いた金属片をいくつも通してみたり、大きな木の実の殻にビール瓶の王冠をたくさん貼り付け、その中に楽器を入れてみたり。木琴の類であれば、ひょうたんで作った共鳴筒の先に、蜘蛛（くも）の卵のうを固めた膜を張る。そうして、共鳴のノイズを楽しむのである。

演習問題

1. この章に出てくる楽器を全て書き出し、SH法で分類してみよう。また、他に分類方法がないか考えてみよう。
2. 任意の楽器の歴史を調べてみよう。起源を同じくする楽器にはどのようなものがあるだろうか。

《本文脚注》

(1) ベルリン出身の音楽学者クルト・ザックス（Sachs, Curt 1881-1959）とウィーン出身の音楽学者エーリッヒ・フォン・ホルンボステル（von Hornbostel, Erich 1877-1935）が，1914年に『民族学雑誌 *Zeitschrift für Ethnologie*』（Hornbostel; Sachs 1914，リプリント：Hornbostel 1986，英訳：Hornbostel; Sachs 1961）に発表した楽器分類法。なお，彼らに先駆けて，ベルギーの楽器博物館で責任者を務めていたシャルル＝ヴィクトール・マイヨン Charles Victor Mahillon（1841-1924）が，統一的な視点からの楽器分類を提唱，記述していた（Mahillon 1880；太田 1943）。
(2) 替管のこと。ナチュラル・ホルンでは，本体に様々な長さの替管を取り付けることで管全体の長さを変え，異なる調性に対応する。
(3) 右手で，ホルンのベル（朝顔）を半分ふさいだり全部ふさいだりして音色を変える奏法。
(4) 駒の上に乗っている旋律弦とは別に，駒の下部分にあいている穴を通して楽器の表板すれすれに張られている金属弦のこと。横から見ると，旋律弦と共鳴弦が2階建て構造になっているのがわかる。

引用文献

Berliner, Paul F (1978), *The Soul of Mbira*. Chicago, IL: University of Chicago Press.

Hornbostel, Erich Moritz, von (1986), *Tonart unt Ethos: Aufätze zur Musikethonologie und Musikpsychologie*. Leipzig: Verlag Philipp Reclam jun.

Hornbostel, Erich Moritz von; Sachs, Curt (1914), "Systematik der Musikinstrumente", *Zeitschrift für Ethnologie* 46: 533-590. Reprint in Hornbostel 1986: 151-206 (1961), "Classification of Musical Instruments". (translation by Baines,

Anthony and Wachsmann, Klaus P.) *The Galpin Society Journal*, 14: 3 -29.

Hornbostel, Erich Moritz von; Sachs, Curt; 田島みどり（1993），「ホルンボステルとC.ザックスによる楽器分類表」柴田南雄；遠山一行（総監修）『ニューグローヴ世界音楽大事典』東京：講談社：4：565-577.（Hornbostel; Sachs 1914の分類表の翻訳）

Mahillon, Victor-Charles（1880），*Catalogue descriptif et analytique du Musèe instrumental du Conservatoire Royal de Bruxelles.*, prècèdè d'un essai de classification mèthodique de tous les instruments anciens et modernes. Bruxelles: Musèe instrumental du Conservatoire Royal de Bruxelles.

太田太郎（1943），「マイヨン四鋼楽器分類法の源流として観たる印度の楽器分類法」『田辺尚雄先生還暦記念　東亜音楽論叢』東京：山一書房

Wachsmann, Klaus; 田島みどり（1993），「楽器の分類」柴田南雄；遠山一行（総監修）『ニューグローヴ世界音楽大事典』東京：講談社：4：449-454.（Hornbostel; Sachs1914の序論の翻訳）

吉住小十郎（編）（1924），「秋色種」『長唄新稽古本：節付音譜並三味線譜入　第10編』東京：山田舜平

参考文献

ダイヤグラムグループ（編）；皆川達夫（監修）（1992）『楽器』東京：マール社

マンロウ，デイヴィッド；柿木吾郎（訳）（1979）『中世・ルネッサンスの楽器』東京：音楽之友社

ローダラー，G．ホアン（著）；高野光司；安藤四一（訳）（2014）『新版 音楽の科学：音楽の物理学，精神物理学入門』東京：音楽之友社

7 | 声

高松晃子

《目標＆ポイント》 声の多様性を紹介する。地域や職業，音楽文化によって，標準とされる音色や技法が異なっていることを理解しよう。世界の多様な声は，どのように分類，説明されてきたのだろうか。歌ジャンルにおいては，意味を伝達する歌詞だけでなく，英語でvocablesと呼ばれる言語的な意味を持たない言葉も重要である。それはなぜか，考えてみよう。
《キーワード》 発声，声帯，唱歌，マウス・ミュージック，リフレイン，ヴォカリーズ

1.「よい声」へと均質化される多様な声

　私たちは社会生活を営むにあたり，その場にふさわしい声を出すための経験則を持っている。例えば，オフィスで電話を取るときには普段より少し明るめに声を張るとか，人を説得するためには低めの声でゆっくり話す，野球の応援をするときにはひたすら大声を出す，といったように，無意識のうちに音量や音域のコントロールを行っているはずだ。
　人はその気になればいろいろな声を出すことができる。それを利用して，特定の仕事と結びついた特徴ある声が使われる場合がある。例えば，相撲の行司や市場のセリ人，電車の車掌，八百屋や魚屋の店員，エレベーターの案内係，甲子園のウグイス嬢などの声は，すぐに思い浮かべることができるだろう。近年はこれらの仕事自体が減っているためか，マイクの導入でよく通る肉声が要求されなくなったためか，特徴ある声に出会う機会も少なくなってきたようだ。電車に車掌が乗車していたと

しても、あの独特のアナウンスはあまり聞くことができなくなった。竿竹屋がダミ声で唱えてきた「たーけやー　さおだけー」の呼び声は、抑揚はそのままに、録音された女性の声に取って替わられた。「お知らせ」や「呼び込み」のような消費財としての声は、経費削減のために「よい声」で録音され、それが標準となってしまったようである。コンビニや各種窓口でマニュアル化された対応をする担当者はもちろん、今や機械や携帯電話、家電までが、同じような声で話している。

　コミュニケーションを前提とした社会において情報伝達を重視するならば、声の良し悪しよりも相手によく届くかどうかが重要なはずである。その点、車掌のあの独特な声は理にかなっていた。トンネル走行中の列車内における車掌のアナウンスを分析した研究によると、車掌の声の成分は、通常発声より3kHz以上の高周波成分で強くなっている。そのため、一般話者の声が常に走行騒音にかき消されてしまうのに対し、車掌の声は走行騒音の影響を受けにくい（図7-1）。しかも、この3kHzという数値は、よく通る声の条件である、いわゆる「シンガーズ・フォルマント」という成分[1]のピークと合致する。もっと興味深いことには、車掌の声が示すこの数値は、車掌の声を特徴付ける鼻腔共鳴によって得られることも明らかになった。通常発声した「あ」音と、意図的に鼻腔を共鳴させて発声した「あ」音のスペクトルを比較すると、後者において3kHz付近の成分の強調が確認できたのである（松井；若松；新井；伊藤；高野橋；金田；山本；今，2009：739-740）。

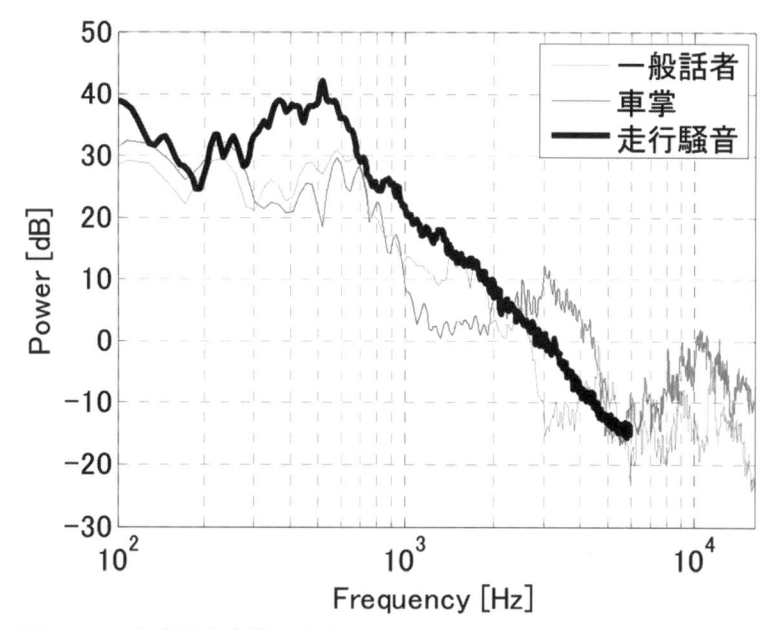

図7-1　よく通る車掌アナウンス
　　　（出典：松井；若松；新井；伊藤；高野橋；金田；山本；今,
　　　　2009：740）

　さて，よく通る声を生むこのシンガーズ・フォルマントを得るためには，声道の広さを急激に変化させる必要があるのだが，音響学者の山田真司によれば，西洋と極東では異なる方法が用いられているという（山田，2007：76-78）。西洋では咽頭を下げて声帯上部で急に声道を広げるのに対し，極東では声帯の上の方を狭くして仮声帯を作ることによって急に声道を狭めるのである（図7-2）。その結果，どちらもよく通るが，西洋のやり方では澄んだ声が，極東の方法ではいろいろな成分を含んだ声が得られる。これは西洋と極東とでよく通る声に求められる音質が異なるからであるという。上で挙げた職業アナウンス，特に男性の声が総

じて（誤解を恐れずにいえば）「ダミ声」なのは，よく通る声を出すための極東的発声の成果で，そこに車掌の声のような鼻腔共鳴が加わるとさらに効力が増すというわけである。

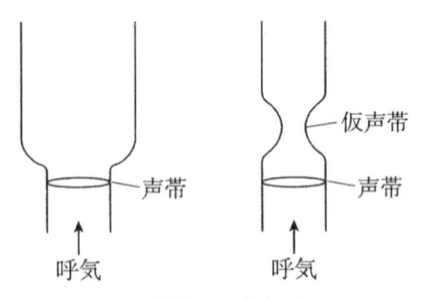

(a) ベル・カント唱法　(b) ホーミー

図7-2　シンガーズ・フォルマントを得るしくみ（山田 2007 : 77）
（出典：徳丸吉彦・高橋悠治・北中正和・渡辺裕編『事典　世界音楽の本』岩波書店）

2. 歌う声の多様性

　世界には実に様々な音色の声がある。よく知られているのは，地声と裏声の区別であろう。その仕組みを簡単に説明すると，次のようになる。声を出す器官である声帯は，気管の内側に向かって左右から張り出した2枚のひだのようなもので，中の筋肉を用いて動かすことができる。左右の声帯が触れる面積が大きい状態で歌ったり話したりすると，いわゆる地声となるが，声帯の後ろ側が開いて，前の方だけが触れる状態で声を出すと裏声になる（図7-3）。弦楽器で，弦が短い方が高い音を得られるのと同じで，左右の声帯が触れている部分が少ない方が高音を出しやすい。

　地声による歌唱は，ことさら意識せずとも話し声から自然に移行できるからか，広い地域に見ることができる。ブルガリアの女声合唱は，裏

声を出しているときの状態（模式図）

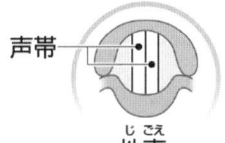

声帯　　地声　　ファルセットーネ　　裏声（ファルセット）

図7-3　裏声と地声の発声メカニズム
（出典：朝日新聞2014年9月17日付 be『ののちゃんのDO科学』）

声が基準であった西洋の芸術的な合唱スタイルに地声を持ち込んだことで新鮮な驚きをもたらし，一時期はずいぶんもてはやされた。よく似た地声発声は，スコットランド北部の島嶼部で歌われる賛美歌にも見られる。この歌い方は，細かい節回しやギャップのある（7音音階から1，2音抜いた）音階などのために，ヨーロッパらしいというよりはむしろ，同様の張りつめた地声を持つアジアの声と同系に聞こえてもおかしくないほどである。

　裏声歌唱の代表例は，やはり西洋芸術音楽の歌曲やオペラにおける女声ということになろうが，西洋，ことにイギリスには，男性が裏声で歌う男性アルト（カウンターテナー）の伝統もある。そこからアルフレッド・デラー（Deller, Alfred 1912-1979）をはじめとするソロ歌手や，カウンターテナーを含む重唱グループが生まれた。

　地声と裏声の両方を用いたり両者を素早く交替させたりする例は豊富で，身近なところでいえば邦楽一般に見られるといってもよいだろう。例えば，清元節，新内節，小唄といった伝統的な歌いものと，そこから派生した芸能，追分，アイヌの歌，沖縄のシマウタなどの民俗的なジャンルに見られ，とりわけ清元節は，裏声による優美で繊細な節回しが印

象的である。スイスのヨーデル，イランのタハリールの技法，フィンランドのサーミが歌うヨイクなども，地声と裏声の交替がそのジャンルのアイデンティティになっている。

　歌う声の多様性を計量的に示したという点で，アラン・ローマックス（Lomax, Alan 1915-2002）が提唱した計量音楽学（Cantometrics, Lomax 1976）は注目に値する。カントメトリクスとは「歌 canto」と「計量法 metrics」を合成した造語で，世界233の地域から集めた歌の録音を一定の基準に従って分析し，それがどのようなものか判断していく方法である。各サンプルのプロフィールを示すだけでなく，マクロな視点から声や歌い方の特徴と社会構造の特徴との間に関係性を見い出したり，サンプル同士を比較して影響関係を考察したりした。

　ローマックスの計量音楽学は，ある地域の音楽をごく限られた録音に代表させたことや，そこにさらに社会構造との関連性を見い出したことで批判を受けることになった。しかし，世界の声がこれほどまでに多様であることが示されたおかげで，より個別的，具体的な声の研究への道が開かれた。例えていえば，ローマックスの研究成果が，オリンピックの開会式における各国選手の入場行進だとすれば，後に続く研究は，各国の選手が競技別に集うそのやり方を描き出すようなものであった。後者の例の一つが，フーゴー・ゼンプ（Zemp, Hugo 1937-　）らによる「世界の声」プロジェクトである（Zemp; Léothaud; Lortat-Jacob 1996）。ここでは，国や地域別の比較ではなく，異なる文化に用いられる共通の発声や技法が，独特の視点で整理されている。大きな分類は，技法・声と楽器・倍音のゲーム・ポリフォニーの4つで，それぞれに下位グループが置かれた。例えば，「技法」は，「語り・朗唱・歌」「装飾」などの一般的な分類のほかに，「音色」「声と呼吸」「変装された声 voix travesties」といったユニークな下位グループを持つ。

3. なりすます声

(1) 変装された声

　ゼンプの分類の中でもとりわけ興味深いのは，「変装された声」というカテゴリーである。これは，儀礼においてわざと言葉がわからなくなるように歌ったり，自分の声に何らかの工夫をして他の存在になりすましたりする技法を指している。ゼンプらはその例として，京劇において女性を演じる男性の裏声や，ホンジュラスのミルリトン[2]を介した発声などの例を紹介している。これらを聞いていくと，異なる地域に似たような発想があることに共感を覚える一方で，個々の方法がユニークであることに驚かされる。

　例えば，こんな例もある。フィンランド・カレリア地方のラメントは，アクセントを通常と逆にして，意図的に意味をわからなくするジャンルである。普段と違うアクセントで歌うことによって，人の死という特別な状況を異化し，平穏な日常から切り離すのである。

(2) 動物と大砲と涙

　歌う声は，西洋の芸術音楽作品の中でも，動物や自然音の模倣をしたり，楽器の模倣や代用をしたりすることがある。これも広い意味での「変装された声」である。

　前者は，しばしば16，17世紀の世俗音楽に見ることができる。秀逸なのは，バンキエリ（Banchieri, Adriano 1568-1634）の《三声の遊びと動物たちの即興対位法 *Capricciata a tre voci e Contrapunto Bestiale alla mente*》（1608）や，ジャヌカン（Janequin, Clément 1480頃-1558）の《戦争：マリニャンの戦い *La Guerre: La bataille de Marignan*》（1529）といった作品である。イタリアのバンキエリは，世俗曲を集め

て音楽劇風に仕立てたマドリガル・コメディというジャンルの発展に寄与した人物で，世俗声楽曲における軽妙な表現を得意とする。《動物たちの即興対位法》は，《四旬節前の木曜日の聖餐前の夕べの集い *Festino nella sera del giovedì grasso avanti cena*》という大げさなタイトルをもつマドリガル・コメディに含まれる曲で，酔っぱらった男が唱えるふざけたラテン語歌詞に乗せて，フクロウ，カッコウ，イヌ，ネコが鳴き騒ぐ。鳴き声はいわゆるオノマトペで，楽譜には，「○○の声色で」と書かれており，鳴き真似をしながら歌うことが要求されているのがわかる。

　ルネサンス期のフロットラやシャンソンといった軽い世俗曲には，わかりやすいオノマトペによる描写が多いが，世俗曲でもよりまじめなマドリガーレには，「音画」と呼ばれる象徴的な表出方法が用いられた。例えば，「ふたつ」「ふたり」という言葉が現れたら声部を2つにしたり，「涙」を表すには「ラ（la）」の音から「ミ（mi）」の音まで順次下行する4音を使用したりする。後者のよい例が，ダウランド（Dowland, John 1563-1626）が1600年に作曲したリュート歌曲〈流れよ，我が涙 *Flow my tears*〉の冒頭部分に見られる（譜例7-1）。譜例7-1の左上に書かれている lacrime という単語は la（ラ）に始まり me（ミ）に終わるが，この単語がイタリア語で「涙」を意味することも象徴的である。音画技法は音型そのものに意味を付与するため，楽譜を解し，音楽が知的に聴かれることを前提とした作曲技法であるといえよう。

譜例7-1　ダウランド〈流れよ，我が涙〉冒頭部
左上に "*Lacrime.*" の表記がある。

（3）楽器になる声

　声で楽器の音を表現する「唱歌（しょうが）」[3]にもオノマトペによる描写の要素が多いが，これになると単なる口真似としての「変装された音楽」から脱して，音楽の記憶・伝承システムとして機能するようになる。唱歌とは楽器の奏法やレパートリーを言語音で模倣することにより記憶・伝承する方法であり，演奏法を詳細に伝達できるものから，単なる「口真似」に近いものまで，文化によって様々な様態が見られる。

　例として，スコットランドのバッグパイプ奏者がピーブロッホ（piobaireachd）という古典ジャンルを伝承，記憶するためのカンタラッハ（canntaireachd）と呼ばれる唱歌を紹介しよう。放送教材では，あるピーブロッホを，まずカンタラッハで，続いてバッグパイプで演奏した例を示す。hiborodo, hindarid, hiobandre のような vocable は一見意味のないシラブルの連結に見えるが，音階のそれぞれの音に1つの母音が当てられ，装飾音の音型は特定の子音で表されている。楽譜を用いる代わりに，教師はカンタラッハを1フレーズずつ生徒に歌って聞かせ，生徒はそれを習得と記憶の手掛かりにしていた。ただ，バッグパイプの伝統は伝承する家や地域によって異なるためにカンタラッハも統一され

ておらず，異なる学習背景を持つ演奏家同士では共通言語になり得ないことが難点である。

　楽器の教授や伝承から離れて，器楽を模した声の芸当そのものを楽しむジャンルは，マウス・ミュージック（mouth music）と総称される。近年では，打楽器音を巧みに真似るヒューマン・ビート・ボックス（human beat box）またはビートボクシング（beat boxing）というジャンルが人気を博しているが，このルーツとなりそうな名人芸が，すでに1930年代の初頭に見られる。ジャズ・コーラス・グループの先駆けとなった，アメリカのミルス・ブラザーズ（Mils Brothers）の演奏がそれである。4人のメンバーのうち，実際に楽器を演奏するのはギターの担当者だけで，サキソフォーン，トランペット，トロンボーン，ベースなどは全て見事な口真似である。

4．声と言葉

（1）言葉を伝える・言葉を受け取る

　これまでに見てきたような楽器音の模倣などを別とすれば，歌には一般的には歌詞が付いている。歌い手はその文化なりの方法で，ふさわしい発声や聞き取りやすい発音を工夫して，言葉を伝える。

　例えば，邦楽にあまり馴染みがない人にとっては，内容を理解すること以前に歌詞を聞き取ること自体が難しく聞こえるかもしれない。邦楽の言葉がわかりにくくなりがちなのは，強弱によるリズムが希薄で等拍性を持つ日本語の宿命のようなものである。そこで邦楽の歌い手は，声質・音色や言葉の移行あるいは強弱に，洋楽よりも多様な変化を付けることにより，わかりやすく言葉を伝えようとする（中山，2000：346）。中山らは，さらに邦楽の全般的な特徴として，母音から次の子音への移

行がゆっくりであることを指摘する。例えば，/wa/ は /uwa/ のように，/iro/ は /iruo/ のように聞こえる（中山，2000：346）。音色をほぼ一定に保ち，シラブルからシラブルへ瞬時に移行する洋楽とは，逆のことが起こっているのである。

　ここに，初代米川敏子（1913-2005）が作曲した《千鳥と遊ぶ智恵子》[4]という作品がある。箏，低音十三弦，声楽のために書かれているという点では邦楽のジャンルに属するが，音組織，和音や和声，ダイナミクスの付け方などから，洋楽への指向を感じ取ることができる。初演の歌い手はオペラ歌手の長門美保（1911-1994）であった。長門は，藤原歌劇団で活躍した後，自らの歌劇団を立ち上げ，息の長い活躍をしたソプラノ歌手である。長門が歌う「人間商売さらりとやめて，もう天然の（/nuo/）向うへ行つてしまつた智恵子のうしろ（/ruo/）姿がぽつんと見える」の歌詞に相当する部分を聴いてみると，発声は西洋的だが，発音面では /no/ が /nuo/ に，/ro/ が /ruo/ に近づいて，邦楽に歩み寄る傾向を見せていることに気付くだろう。洋楽を指向する邦楽器と日本を意識した西洋の声が出会った，興味深い例であり，西洋式の発声で日本語の歌詞を，聴き手にわかりやすく歌うためのヒントになりそうである。

（2）　意味がなくても歌う，わからなくても聴く

　歌は言葉を通じて意味を伝達する，と考えるのは自然なことである。スポーツのいくつかの採点種目，例えばフィギュアスケートや体操の床運動などにおいて，公式戦で使用する音楽に歌を入れない決まりが続いてきた[5]のは，この考え方に基づいている。審査員の言語的背景によって歌詞の理解に差が生じ，採点に影響する懸念がある，というわけである。これは，演技に言語的意味が加われば演技をより強くアピールでき

るはずだ，という前提に立った考え方でもある。

　しかし実際には，全ての歌ジャンルが歌い手や聴き手に歌詞の理解を求めているわけではない。また，私たちは意味のわからないでたらめな歌を歌って楽しんだり，理解できない言語で歌われる歌に心を動かされたりもする。古くは《サラスポンダ》，最近では《チェッチェコリ》などのような意味不明な歌でも，私たちはそのわからなさ自体を楽しみながら口ずさむ。人は，いつも歌詞の意味を100%理解しようとしているわけではないのだ。

　意味ある歌詞の合間に，意味のない合いの手やリフレインが入ることがある。英国や北ヨーロッパに伝わるバラッドという物語歌は，歌詞の意味伝達を最も重視するジャンルの一つであるにもかかわらず，言語として意味のある部分は全体の半分ほどにすぎない。4行で1スタンザを構成する歌詞の2行目と4行目，あるいは3，4行目に，しばしばリフレインが入るのである。このリフレインは，たいてい物語に関係のある文句なのだが，きちんと意味が通じる文になっていることは珍しく，文の一部，あるいは，単語を並べただけの場合もある。日本の民謡やわらべうたによくある「合いの手」に似て，たとえ言語的に意味がなくても，歌い手が次の歌詞を思い出すための時間稼ぎとして機能したり，聴き手が声を合わせて歌唱の場に一体感を持たせたりするために，重要な役割を果たしている。

　では次に，ヴォーカル声部の始めから終わりまで全てを，意味のないシラブルで歌う場合がないか，考えてみよう。

　まず思いつくのが，ソルフェージュと呼ばれる音楽家のトレーニングである。例えば，楽譜を速く音楽的に読むために，階名や音名で歌って練習することがある。その場合の「ド，レ，ミ…」や「C, D, E…」は恣意的に付与された記号であるから，それらを連ねても意味は産出さ

れない。西洋では，これらの記号を用いて楽譜を読む練習をするのは中世からの習慣になっている。声楽家の基礎練習やソルフェージュの練習曲としてしばしば用いられる，ジュゼッペ・コンコーネ（Concone, Paolo Giuseppe Gioacchino 1801-1861）による練習曲も，階名や音名で歌うことを念頭に置いて書かれたものである。

　意味を持たないシラブルで歌唱する方法をヴォカリーズと呼ぶ。上述したようなソルフェージュのときのドレミ唱法も広義のヴォカリーズだが，中には用いるシラブルを1つやごく少数に限定して，母音で歌う声そのものに美的価値を見い出そうとする楽曲もある。ラフマニノフ（Rachmaninov, Sergei 1873-1943）による《14の歌曲集》op.34（1912）の終曲やラヴェルの《ハバネラ形式によるヴォカリーズ練習曲 *Vocalise: étude en forme de habanera*》が有名だが，放送教材では，ドビュッシー（Debussy, Claude 1862-1918）《夜想曲 *Nocturnes*》（1897-1899）より〈シレーヌ *Sirénes*〉を紹介する。

　シレーヌとは，美しい声で歌い，船乗りたちを惑わせたギリシア神話の怪物，セイレーンである。その物語が象徴するように，たとえ歌詞が理解できなかったとしても，私たちは経験上，声には聴き手の情感を揺り動かす独特の働きがあることを知っている。スポーツ競技で歌を流すことが禁じられてきたのも，声そのものにエモーションがかき立てられた審査員や観衆が演技を正しく評価できなくなってしまう，そのことが，もっとも憂慮すべき事態だったからではないだろうか。哲学者の鷲田清一は次のように述べる。「ことばから〈意味〉というものが脱落したとき，そのときにはじめてわたしたちは〈声〉を聴く」（鷲田，1999：200）と。

演習問題

1. 肉声が録音に取って替わられた例が，身近にどれくらいあるか探してみよう。どのような声が，どう変化しただろうか。
2. 言語的な意味を持たない合いの手やリフレインを含む歌を探してみよう。
3. 歌い手が，「他人」「反対の性」「人間以外の動物や物体」になりすまして歌うような歌はあるだろうか。そのとき，声色や歌詞の一部を変えるなど，何か特別なことをしているかどうか確かめてみよう。

《本文脚注》

(1) 西洋クラシック歌手の歌声のスペクトルなどに典型的に含まれる，2〜3kHz付近にパワーのピークを持つ周波数成分。
(2) 唇にパラフィン紙を軽く当てて声を出すと，紙の振動によって声が変化する。薄い膜を振動させて音を出すこのような仕組みを，一般的にミルリトンと呼ぶ。アメリカのカズーと呼ばれる玩具/楽器は，この仕組みを用いたものである。
(3) 唱歌（しょうが）については，徳丸（2007）に詳しい説明がある。
(4) 歌詞は高村光太郎『智恵子抄』による。
(5) フィギュアスケートでは2014年にその制限が解除された。

引用文献

Lomax, Alan (1976). *Cantometrics: an Approach to the Anthropology of Music.* Berkeley, CA: University of California Extension Media Center.
松井一樹；若松大介；新井達也；伊藤直行；高野橋大地；金田豊；山本聡；今村勇人

（2009），「車掌アナウンスの特徴に関する検討」『日本音響学会講演論文集』9：739-740

中山一郎（2000），「邦楽と洋楽の歌詞はどう違うか—共通の歌詞を用いた歌唱表現法の比較—」『日本音響学会誌』56/5：323-348

徳丸吉彦（2007），「『唱歌』の世界」笠原潔；徳丸吉彦（編）『音楽理論の基礎』東京：放送大学教育振興会：177-192

鷲田清一（1999），『「聴く」ことの力—臨床哲学試論』東京：阪急コミュニケーションズ

山田真司（2007），「声色」徳丸吉彦；高橋悠治；北中正和；渡辺裕編『事典　世界音楽の本』東京：岩波書店：74-78

Zemp, Hugo; Léothaud, Gilles; Lortat-Jacob, Bernard（1996），*Les voix du monde: une anthologie des expressions vocales*. (3 CDs with booklet) Paris: Centre National de la Recherche Scientifique/Musée de l'Homme.

参考文献

オング，ワルター・J.（著），林正寛；糟谷啓介；桜井直文（訳）（1991）『声の文化と文字の文化』東京：藤原書店

増野亜子（2014）『声の世界を旅する』東京：音楽之友社

8 | 縦の音・横の音

高松晃子

《目標＆ポイント》 人間のあらゆる活動には，その分野独特の表現や言い回しがある。西洋音楽で比喩的に用いられる，「縦を合わせる」などという表現はよい例であろう。目に見えない音楽に，「合わせ」るべき縦の関係があるということだろうか。もし縦関係があるとすれば，「横」はどうだろう。この章では，「縦」と「横」という表現を手がかりに，様々な音楽文化における音と音との関係や，その好ましい関係を生み出すために人々がとる行動について考えてみたい。

《キーワード》 和音，和声，同時性，継時性，音程，協和，不協和

1. 音楽の縦と横

（1） 縦を合わせる

音楽の縦横を考えるにあたり，まずは対象を西洋音楽に限定して考察を始めよう。

吹奏楽やオーケストラ，あるいはロックバンドなど，西洋で発展したアンサンブルを経験した方なら，「縦を合わせて！」と指示されたことが一度や二度はあるに違いない。多くの場合，これは全ての楽器や声が要求された拍やリズムに合わせてずれないようにしよう，という気構えを意味する。つまり，音楽の時間的側面を，全員で正しく扱っていこうとするときの表現である。なぜそれが「縦」なのかは，全てのパートが書かれた「スコア」に象徴的に表れている。読み手を考えたスコアなら，同じタイミングで鳴らされるべき音が縦にそろうように書かれているで

あろう。「縦」とは，目に見えない音楽について語るために，楽譜の特徴を利用した比喩的表現なのである[1]。

　音楽の「縦」関係にはもう一つ，同時に鳴る複数の音，すなわち「和音」の含意もある。これも楽譜からの連想である。大譜表で書かれた楽譜の好きなところに縦の直線を引いてみると，その瞬間に鳴っている複数の音を取り出すことができる。これら同時に鳴る音，つまり和音が美しく響くよう，各パートが正しい音高とふさわしい音量を出すよう努めること，それがもう一つの「縦を合わせる」行為である。合唱経験のある方にとっては，つとになじみ深い表現であろう。

　このように，西洋音楽における「縦」の関係とは，切り取られた時間の断面において，拍やリズム，音高や音量の調和を意味する。西洋音楽では基本的に声部同士がズレないことや溶け合う響きが大切なので，「縦を合わせて」と口うるさくいわれるのである。

（2）　横に進める

　では，西洋音楽において「横」の関係とはどのようなものだろうか。前項に倣って再び五線譜で考えてみると，視覚的に「横」を意識させるもの，その一つは旋律である。したがって，練習中に「縦ではなく横の流れを意識して」などと注意されれば，拍の正確さに固執せず旋律を推進させるべきなのだな，とおおよそ見当がつく。旋律とは，音高変化のある複数の音の有意な連なりを意味し，楽譜においては左から右へ，横のラインを形成する。音楽は目に見えないにもかかわらず，私たちは楽譜の習慣をなぞるように感じ取り，体現する。

　西洋音楽には，「横」の関係を意識すべきもう一つの重要な要素がある。それが和声である。「縦」の話に登場した「和音」は，高さの異なる複数の音が同時に鳴ったものだが，和声とは複数の和音の有意な連結

を意味する。和声進行には横の流れを担保する決まりごとがあり，私たちはそれに則して正しく作られた音楽を聞き慣れている。だからこそ，たまにルールに反する和音に進行する音楽を聞くと受容が急停止し，横の流れが分断されるのである。

このように，西洋音楽の文脈で「縦」といえば拍やリズムの一致／不一致や和音の響きを，「横」といえば旋律や和声のような音の連なりを表す習慣がある。言い換えれば，「縦」の関係とは時間を切り取ったその断面で起こっていること（同時性），「横」の関係とは時間の経過とともに生起すること（継時性）である。前者は同時に鳴る音の構成や疎密を考えるのに便利な概念であり，後者はある音から次の音に移る方法やその規則を扱うのに有効な考え方であるといえる。

西洋音楽は，音の縦横を様式に適った形にしつらえる方法を拡大することで発展してきた。もちろんこれらは別の言い回しを用いても構わないはずだが，楽譜とともに発展してきた西洋音楽にとって，「縦横」は直感的に理解できる便利な表現なのであろう。これまで述べてきたことを譜例8-1にまとめてみた。

譜例8-1の説明
縦1…縦に点線を引いて同時に鳴る複数の音を取り出し，コード記号を付した
縦2…縦の点線はタイミングの一致も示す
横1…左から右へ進む旋律
横2…左から右へ進む和声を，和声記号で表示

譜例8-1　スコアに見る「縦」と「横」（ホルスト《惑星》から〈木星〉mm.193-197）

2. 縦と横の力関係

（1） 縦に無頓着な音楽文化もある

　西洋音楽においては，縦を合わせ，横をよどみなく進めることが基本だが，この規範は世界共通ではない。ある音楽は，横に流れていく各パートの着地点を合わせることに無頓着である。むしろ，合わせることは無粋で，うまくズレることに美的価値を見い出す文化すら存在するのである。ミャンマーの古典音楽がよい例であろう。そこでは，ハープや太鼓，竹の木琴などの楽器と，拍子を取る小さなカスタネットと鈴を手にした歌い手が，互いの旋律を即興的に絡ませながらゆったりと奏でていく。拍子取りの合図が常に鳴っているにもかかわらず，各パートはそこに合っているようには聞こえないし，演奏者達も互いの顔を見て呼吸を合わせたりすることなくひたすら前を向いているので，よけいにズレが気になる。拍子取りの楽器さえ，均等に鳴らされているわけではない。しかし，ミャンマーの演奏者達の名誉のためにも強調しておくが，彼らは（西洋的な意味で）縦をきちんと合わせることができた上で，自身の美学に鑑みあえてずらしているのである。

　アフリカのポリフォニーも，西洋音楽的な感覚で聞くと縦に合っている気がしない。例えば，ジンバブエのメタロフォンであるムビラと，ガラガラのようなホーショー，そして声はしばしば同時に演奏されるが，それぞれ大切にしているのは横のラインであり，縦を合わせるという発想は元々ない。しかも，それぞれの横ラインは異なる区切り方で進むため，仮に「拍」を縦にそろえたとしても，長さの異なるレンガを3段重ねにつないでいくように，時間が規則正しく区切られていく感覚は全く得られない（図8-1）。

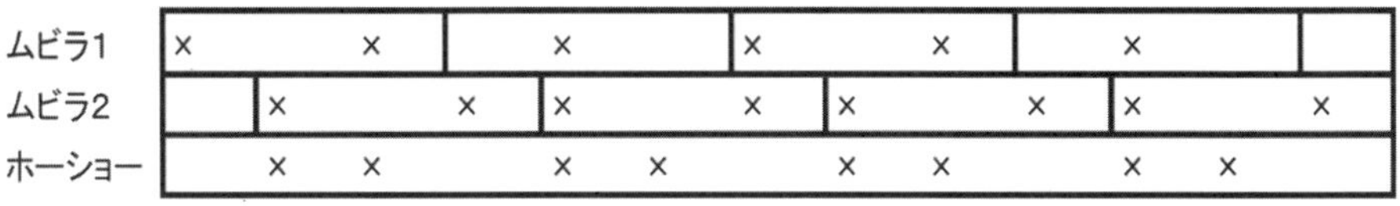

ムビラ1	×		×		×		×		×		×	
ムビラ2		×		×	×		×	×		×		×
ホーショー		×	×		×	×		×	×		×	×

×は目立つアタックを示す
ムビラ1は3拍周期だが2拍ごとのまとまりを作る
ムビラ2は3拍周期で3拍ごとのまとまりを作るが，ムビラ1とは区切りがズレいている
ホーショーはアンサンブル全体を感じつつ2つのアタックを規則的に入れていく

図8-1　ムビラの音楽《ニャマロパ Nyamaropa》を3段レンガに見立てて図式化してみる
（作図：高松晃子）

（2）　横は偶然かもしれない

　反対に，縦を合わせることには最大限の注意を払うが，横の流れに気を使うことについてはまだ発展途上の音楽もある。例えば，西洋音楽であっても，13世紀のフランスには，美しい旋律を作って聴き手を感動させようなどという発想はそもそもなかった。当時活躍していたノートルダム楽派の作曲家による「オルガヌム」という宗教音楽のジャンルは，あらかじめ決められたリズム・モードとバス声部の定旋律に合わせて，上声をある程度機械的に配置して作られている（譜例8-2）。配置の根拠となるのは，各声部の音程関係である。ごく単純にいってしまえば，大事なところで当時の協和音程，すなわち完全8度，完全5度，完全4度，完全1度のいずれかが鳴るように計算して配列された音が響いているのである。しかし，最上音をつなげて旋律として聞くことに慣れている私たちは，ついつい「ごつごつしている上につまらない旋律だ」などという感想を漏らしてしまう。作曲家は協和音程の連続という理論上の美を具現化しているのだから，聴く側も縦の響きにこそ注意を払ってしかるべきであろう。もっとも，神に聴かせることが本来の目的であるこ

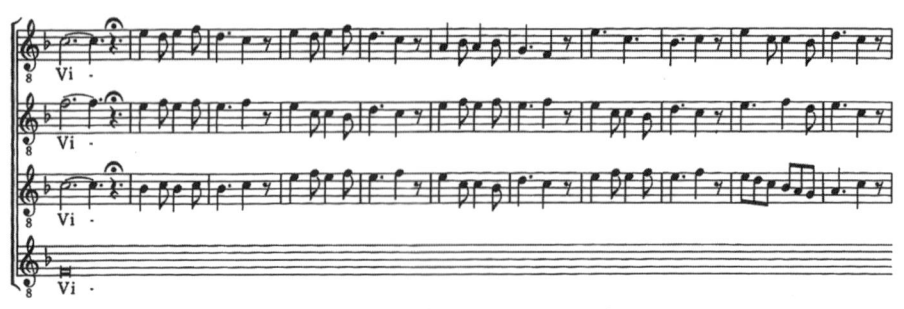

譜例 8-2　ペロタン（Pérotin 12世紀中頃〜13世紀初め）の四声オルガヌム
　　　　《地上のすべての国々は見た Viderunt》
　　ホ音（ミ）とヘ音（ファ）の連続にしか聞こえないが，楽譜ではこのようになっている
　　　　　　　　　　（出典：美山良夫；茂木博 編『音楽史の名曲』春秋社）

のジャンルに関して，人間がとやかくいうことがすでにお門違いなのかもしれないが。

(3)　聴き手が取り出す縦と横

　では，次の例はどうだろう。20世紀後半のアメリカで展開したミニマル・ミュージックの作品《ピアノ・フェイズ Piano phase》(1967) である。ここでは，2人のピアニストが，5つの音高をつないだ12個の音から成るパターンを，音符1個分ずつずらしながらひたすら反復する。初めはユニゾンの状態だが，次第に片方のピアニストが速度を速め（ここで甚だしく「縦が合わない」状態となる），完全に音符1個分先行したら同じスピードに戻る。同じことを繰り返して再びユニゾンになったところで第一部分の終了となる。その後も，反復されるパターンを構成する音数を6音，4音と減らしながら同様のプロセスをたどり，4音がユニゾンになったところで終了する。
　図8-2に示したように，私たちはこの曲をいろいろなやり方で聴く

ことができる。オルガヌムのように，2つの音が作る縦の響きを順にたどっていくこともできるし，上の音域に現れる音をつないで旋律のように捉えることもできる。また，特徴のある鋭い和音が規則的に現れると，聴き手はそれを面白いリズムと感じるだろう。ごくシンプルな素材を介して，音楽の縦横を自由に体験させてくれる作品だ。作曲家が用意した縦横関係をなぞるような聴取ではなく，聴き手の主体的な聴き方を提案したスティーブ・ライヒ（Reich, Steve 1936- ）の代表作である。

《ピアノ・フェイズ》同様，音楽構造にかかわらず聴き手の側が横のラインを聞き取ってしまうような現象が，アイヌの歌ジャンルの一つであるウポポを聴くときにも起こりうる。ここに示した例では，音程の跳躍と発声法の違いを伴う滑らかでないラインの旋律を，2人が時間をずらして歌っている（図8-3）。2人から交互に繰り出される高音（吸気・裏声）と低音（呼気・地声）は，聴き手には，音域と音色の似た音同士をつなげて高低2本の横の流れとして聞こえてくる。ソプラノとバスの高低2声とした方が合理的と考えたくもなるのは西洋音楽的な発想であって，それではスリルある掛け合いの意味が失われてしまう。音楽様式の多様性への理解を深めるためにも，アイヌの音楽文化が持つ歌に対する考え方について，想像力を働かせるべきであろう。

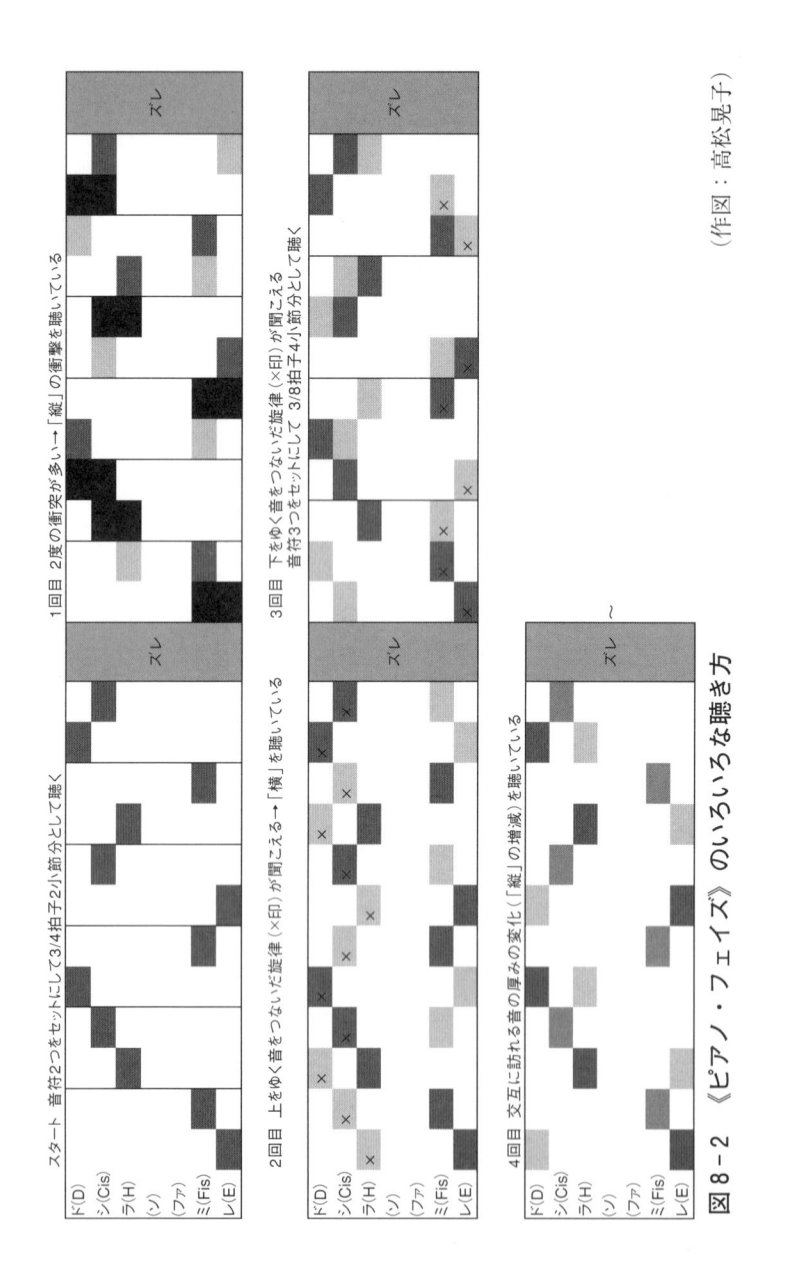

1回目 2度の衝突が多い→「縦」の衝撃を聴いている
スタート 音符2つをセットにして3/4拍子2小節分として聴く
2回目 上をゆく音をつないだ旋律（×印）が聞こえる→「横」を聴いている
3回目 下をゆく音をつないだ旋律（×印）が聞こえる 音符3つをセットにして3/8拍子4小節分として聴く
4回目 交互に訪れる音の厚みの変化（「縦」の増減）を聴いている

図 8-2 《ピアノ・フェイズ》のいろいろな聴き方

（作図：髙松晃子）

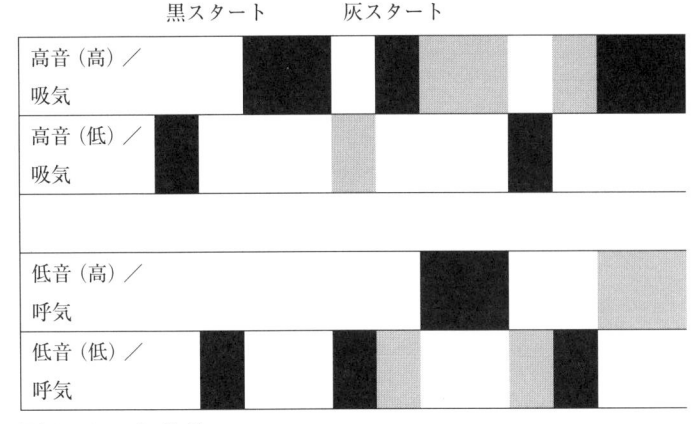

図8-3 ウポポ
黒と灰色で示した2つの旋律は，各音が2つの音域（または音色）に分離されて新たな2つの横のラインとして聞こえる。
（高）（低）は，高音域・低音域の中での相対的な高・低の音高を示す。
(作図協力：千葉伸彦)

3. 縦のきまり—協和と不協和

　どの文化にも，音楽を作るには一定の規則がある。西洋音楽において，「縦」関係の規則の基になる考え方の一つが，音程である。

　同時に鳴らされる2つの音を楽譜に書く場合，上下に積み重ねるので，比喩的にいえば「縦」の関係ができあがる。これら2音の間隔のことを「音程」と呼び，「度」という単位で表す。それぞれの音の高さ（ピッチ）は振動数で，音程は振動数の比で表される。古代ギリシアの時代から，数的関係の調和をもって宇宙や人体の調和を説明する方法が追求されていたが，それは音程の調和にも応用され，中世まで続いていた。

　この考え方によれば，一弦琴のモノコルドをはじく実験で得られた弦長の比（当時は振動数ではなく弦の長さを測っていた）がシンプルであ

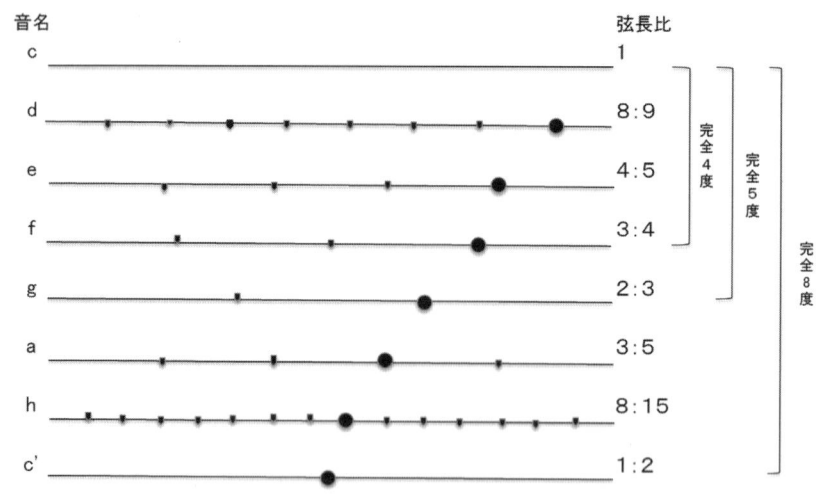

音名		弦長比	
c		1	
d		8:9	
e		4:5	完全4度
f		3:4	完全5度
g		2:3	完全8度
a		3:5	
h		8:15	
c'		1:2	

図8-4　弦長の比で考える協和と不協和　●は弦を押さえる位置

(作図：高松晃子)

るほど音響がよく協和する（溶け合う）。すると，弦長比が4：5の長3度よりも，2：3の完全5度の方がより単純な整数比となり，よく協和すると考えられた。同様に，3：4の完全4度，1：2の完全8度，1：1の完全1度も協和音程とされたが，それ以外の音程は比が複雑なため不協和（溶け合わない）とされた（図8-4）。p.119で，13世紀フランスでは，完全8度，完全5度，完全4度が協和音程であると述べたのは，そういうわけである。これに完全1度を追加したものが，当時の協和音程のセットであった。これらは，今の私たちの耳にとっては，何だかむき出しな感じがしてあまり美しくは響かないかもしれない。では，当時の人たちには美しく聞こえたかというと，これもまた何ともいえないのである。古代ギリシアから中世ヨーロッパの作曲家や理論家にとっては，音がどう聞こえるかということよりも，理論的正当性が重要であった。

　協和と不協和の捉え方は，人間の感覚が理論をリードする形で変化し

てきた。例えば，経験を重視する伝統のあるイギリスでは，パリで四声のオルガヌムが作られる前の11世紀にはすでに，不協和音と分類されながらも３度が使用されはじめ，14世紀になると，３度や６度の響きがたいへん好まれた。フランスにおいても，オルガヌムなどが廃れて14世紀に新しい様式（アルス・ノーヴァ）が始まるとともに，３度や６度の使用が優勢になった。現代に生きる私たちにとって，完全４度や完全５度よりも３度，６度の方がよほど耳に馴染んでいるため，中世のミサ曲などよりもルネサンスの世俗曲の方がとっきやすいであろう。一方，西洋音楽の長い歴史においては，複数の音の響きが溶け合うか溶け合わないか（＝同時的な思考）だけでなく，音楽の中にある音高が出てきたときに次にどうしたいか（＝継時的な思考）といった継時的な観点からも，協和・不協和は繰り返し検討された。そして，こういった検討の成果は，対位法や和声の規則の中に織り込まれていった。

　現在，妥当とされている音程の分類は，完全協和音程（完全１度，８度，５度，４度），不完全協和音程（長短３度，６度），不協和音程（長短２度，７度とあらゆる増減音程）の３つである。多様な音楽経験を積んだ耳を持つ21世紀の人々なら，３度や６度を「不協和だ」とはもはや感じないだろう。２度には未だ違和感が残るにしても，７度の響きにはかなり慣れてきている。何十年かの後には，この区分も変化しているかもしれない。

4．横のきまり

　電車が出発するときの音楽や携帯電話の呼び出し音楽などが，途中で断ち切られたために居心地の悪い思いをしたことがないだろうか。その後の展開が予測できるからこそ，それが実現されないことがストレスに

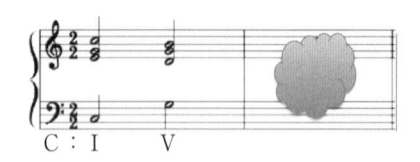

譜例8-3-1　3つ目に鳴る和音は？

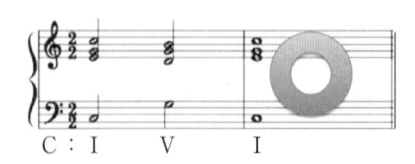

譜例8-3-2　予測どおりの進行

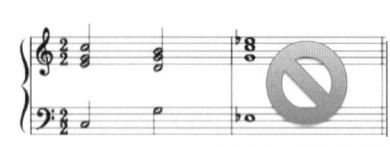

譜例8-3-3　予測に反する進行の例

（作図：高松晃子）

なり，居心地悪く感じるのである。では，私たちはなぜ，ある音楽の展開が何となくでも予測できるのだろうか。

　私たちが日常的に耳にしている音楽のほとんどは，18世紀後半から19世紀初頭くらいの西洋音楽のルールに基づいて作られている。私たちは，これまでの音楽経験を通して無意識のうちにそのルールに馴染んでいるため，知らない曲に出会ったときも，何となく先行きが予測できる。

　例えば，譜例8-3-1（I-V）のような音が鳴った場合，次に来るのはほぼ間違いなくIであると予測される（譜例8-3-2）。なぜなら，和声進行のルールでいうと次に来られるのはIとⅥの2種類の和音だけであるが，私たちは「気をつけ（I）－礼（V）－気をつけ（I）」に代表されるように，（I-V-Ⅵ）に比べて（I-V-I）を聞く経験を多く積んできたためにIを選ぶのである。譜例8-3-1のように途中で止められる

第8章　縦の音・横の音　| **127**

譜例8-4-1　次の音は？

《放送大学校歌》那河太郎 作詞　柴田 南雄 作曲　mm.32-36）

譜例8-4-2　導音は主音にいく（同上）

ことはもちろんストレスになるが，次に譜例8-3-3のような音が鳴りでもしたら，予測が大きく裏切られるというまた別のストレスになるだろう。これは，和声進行のルールの中でも最も単純で基本的なものの一つだが，私たちは日常の経験でかなり複雑な和声進行を経験し，未知の音楽に対応する際にその経験を参照するだけの耳を養っているのである。

　音楽の横の流れを担う旋律を形作る一つひとつの音にも，配置するときに最低限守るべきルールがある。譜例8-4-1の5小節目に入るべき音は，ほぼ間違いなくハ音（ド）である。なぜなら，直前のロ音（シ）はハ長調の「導音」と呼ばれる音で，次で必ず半音上がって主音（ハ音）に到達すると決められているからである。

　旋律だけでなく，音楽全体の作りを決めるのにも，古典的なしきたりが生きている。例えば，小節数を4の倍数にするとすわりがよいとか，AABAの形式にするとバランスがよい，などといったことである。なお，予測が裏切られることが心地よい場合と気持ちが悪い場合があり，どちらに転ぶかは聴き手の経験と好みに左右される。

5. 縦でも横でもない

　私たちが音楽を「縦横」で語ることができるのは楽譜の連想があるからで，楽譜のシステムを変えたり楽譜がなかったりしたら，また別の見方ができるだろう。

　次頁の譜例 8‐5‐1 の下段に示すのは，生田流箏曲（研箏会）で用いられる箏の十三線譜で表した《六段》である。この楽譜は，箏の13本の糸を上から見たそのままを写し取っているので，一部を除いて，下から上へ行くほど音は下がることになる。一見，五線譜の拡張版のように見えるため，箏という楽器を弾いた経験がないと，音高と譜面上の音符の位置関係が逆になることに戸惑うかもしれない。横のラインが左から右に進むことは，五線譜と同様である。

　同じ音楽を縦書きの数字譜に示すこともできる（譜例 8‐5‐2）。こうすると，便宜上 4 つのマス目に音が入っているために，十三線譜に書いたものよりも拍感が強調されて，整然とした音楽のように見える。そして何よりも，旋律は縦に進むことになる。同時に奏される音は，縦ではなく横に並んでいる。さらに，もし脇に歌パートが添えられていれば，それとの関係，例えば合わせたりずらせたりするタイミングや音色や音高の調和などといった調整は，譜面上は横の関係として捉えられるのである。もちろん，これを五線譜で記せば，縦横の関係は逆になる（譜例 8‐5‐1 の上段）。同じ音楽を聴いて 3 種類の楽譜に書き起こしたところで，音楽そのものは変わらないかもしれないが，3 種類の違った楽譜から想像される音楽は，決して同一にはならないだろう。元は口頭伝承に大きく依存してきた箏曲文化であるから，いずれにせよ楽譜は後発のアイディアである。どの楽譜を用いる場合でも，そこに反映されない情報を口頭で充分に伝える必要がある。

第8章　縦の音・横の音　｜　**129**

譜例8-5-1　五線譜（上段）と十三線譜箏曲の十三弦譜（下段）による《六段》冒頭部（山口修，田中健次『邦楽箏始め—今日からの授業のために』カワイ出版）

　箏曲のように，元は口頭伝承に依拠した音楽を，あえて楽譜という二次元の平面に示そうとした場合，その音楽の構造ができるかぎり反映された記譜法を選択ないし考案すべきである。異文化の音楽を記録したり伝えたりするために，採譜という手段を取る音楽学者は，最適な楽譜を求めて試行錯誤する，苦しくも楽しい時間を過ごす。反復しつつ前進するガムラン音楽をぐるぐる回るルーレット状にトレースした概念図（図8-5）や，イヌイットのカタジャック（声の遊び）で重視される音色の差異を，四角形や三角形の符頭に落とし込んだ楽譜（図8-6）を見ると，音楽の仕組みは縦横だけでは語り尽くせない無

譜例8-5-2　同じ部分の縦譜（八橋検校 作曲：米川裕枝 監修）
（山口修，田中健次『邦楽箏始め—今日からの授業のために』カワイ出版）

130

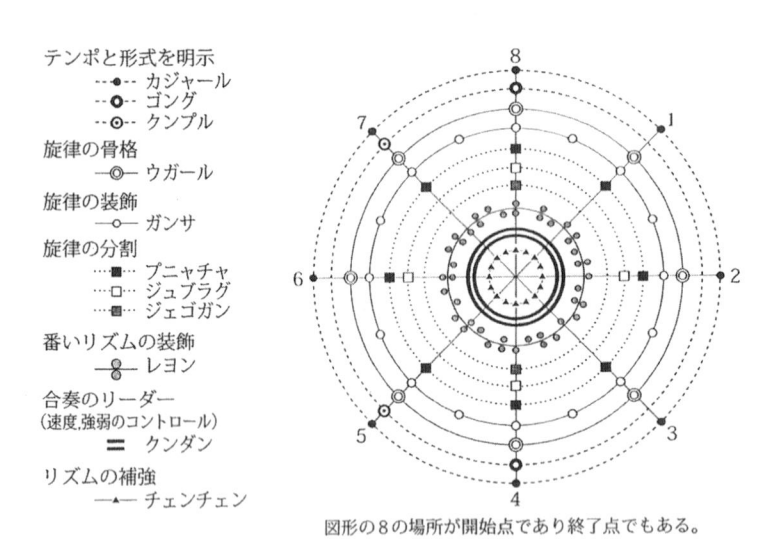

テンポと形式を明示
　　　…●… カジャール
　　　…◎… ゴング
　　　…●… クンプル
旋律の骨格
　　　—◎— ウガール
旋律の装飾
　　　—○— ガンサ
旋律の分割
　　　…■… プニャチャ
　　　…□… ジュブラグ
　　　…■… ジェゴガン
番いリズムの装飾
　　　—◯— レヨン
合奏のリーダー
（速度,強弱のコントロール）
　　　═ クンダン
リズムの補強
　　　—▲— チェンチェン

図形の8の場所が開始点であり終了点でもある。

図8-5　バリのガムランのリズム・パターン（五島由美作成，徳丸2007a：128）
　　　（出典：笠原　潔・徳丸吉彦『音楽理論の基礎』放送大学教育振興会）

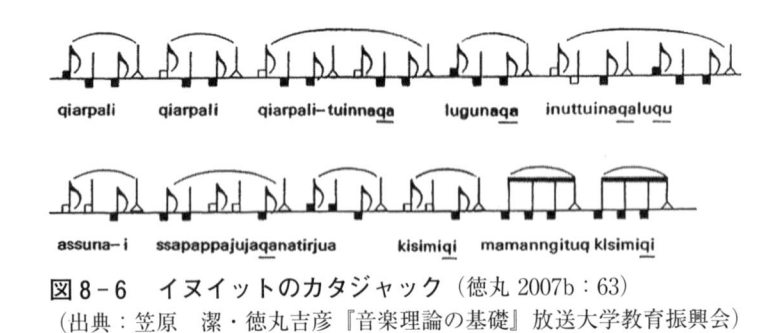

qiarpali　qiarpali　qiarpali-tuinnaqa　lugunaqa　inuttuinaqaluqu

assuna-i　ssapappajujaqanatirjua　kisimiqi　mamanngituq kIsimiqi

図8-6　イヌイットのカタジャック（徳丸 2007b：63）
　　　（出典：笠原　潔・徳丸吉彦『音楽理論の基礎』放送大学教育振興会）

限の広がりを持っていることがわかる。現代音楽の作曲家もまた，縦横で規定できない音楽のコスモロジーを実現したいからこそ，独自の記譜法を考案してきたのである。音楽の縦横を問い直すことは，音楽には音の高さと時間以外にも，たくさんの見どころ聞きどころがあることを教えてくれる。

演習問題

1. 譜例8-2「ペロタンの四声オルガヌム」の最高音（♩ ♪♩ ♪♩ ♩のリズムで出現する，ホ音（ミ）とヘ音（ファ）の連続）に印をつけていこう。その上で放送を聞いて，楽譜の見た目と聞こえてくる音について気づいたことを書き留めてみよう。
2. 図8-2「ピアノ・フェイズのいろいろな聴き方」には，音符4つ分ずれたところまでを示した。その先の図をいくつか作成し，縦横関係がどのようになるか調べてみよう。できたら，実際にピアノで弾いたり音源を入手して聞いたりして確かめるとよい。

《本文脚注》

(1) ポピュラー音楽を演奏したり聴いたりする際によく用いられる「縦ノリ」という表現も，体や頭を縦に動かして拍やリズムに同調するさまを表している。

引用文献

徳丸吉彦（2007a）「人はなぜ「合わせる」のか」笠原潔；徳丸吉彦（編）『音楽理論の基礎』東京：放送大学教育振興会：124-134．；（2007b）「音律の問題」笠原潔；徳丸吉彦（編）『音楽理論の基礎』東京：放送大学教育振興会：61-72

山口修；田中健次（2002）『邦楽箏始め―今日からの授業のために』東京：カワイ出版

参考CD

≪ピアノ・フェイズ≫
ライヒ，スティーヴ
　2013『スティーヴ・ライヒ：アーリー・ワークス（1965-1972)』 ©ワーナーミュージック・ジャパン WPCS-16025.

≪地上のすべての国々は見た≫
ヒリアー，ポール／ヒリヤード・アンサンブル
　1993『ペロタン（ペロティヌス）作品集～中世ノートルダム楽派のポリフォニー音楽』©ECM, POCC-1523.
マンロウ・デイヴッド
　1992『ゴシック期の音楽』©Archiv, POCA-2098.

9 | 音の響き

亀川　徹

《目標＆ポイント》　建物と音の関係に焦点を合わせ，コンサートホールや練習室の響きついて理解する。ホールによって音が違うのはどうしてか？またホールの中でも客席によって音が違って聞こえるのはどうしてなのか？ステージで演奏された音が客席にどのように伝わっていくのかを理解し，音の響きについて考えてみよう。
《キーワード》　遮音，吸音，残響時間，拡散

1. 響きとは？

　コンサートに行ったときに，同じ音楽を聞いてもホールによって聞こえ方が違うと感じたことはないだろうか？また，同じホール内でも客席の位置によって音が違うと感じたことはないだろうか？実際にコンサートの最中に場所ごとの音の違いを確かめるのは難しいが（自由席であれば，演奏会の前半と後半で移動することもできるだろうが），リハーサルなどの場合に客席内を歩き回ってみると，確かに場所によって聞こえ方は違うのがよくわかる。またホールによっても音が違っている。
　ステージで演奏された音は，そのまま客席に届く音（これを「直接音」と呼ぶ）と，壁や床，天井などに当たって跳ね返ってくる音（これを「間接音」と呼ぶ）に大きく分けられる。間接音は壁などに跳ね返って比較的早く客席に届く「初期反射音」とホール内で反射を繰り返しながら減衰していく「残響音」とがある。ホールや，ホール内の席ごとに

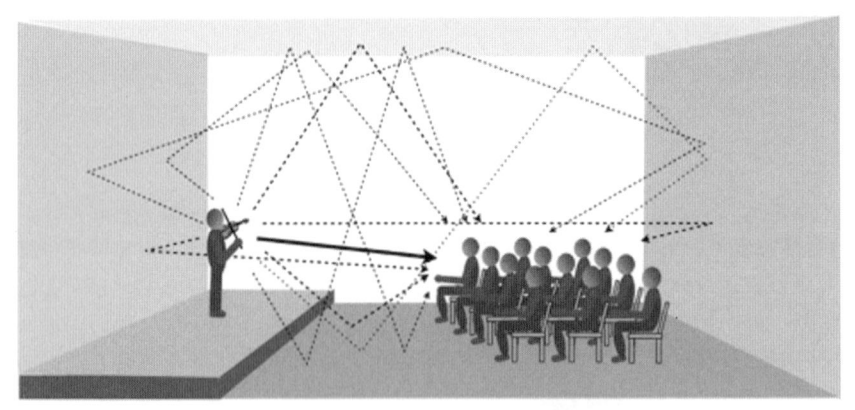

→ 直接音　┄┄┄▶ 間接音
図 9-1　直接音と間接音

(作図：亀川徹)

音が違うのは，この直接音と初期反射音，残響音のバランスが違うことが原因となっている。

2. 吸音と遮音

　楽器などの音源から出た音のエネルギーは，壁にぶつかった際に壁から跳ね返る「反射」，壁をすり抜ける「透過」，そして壁の中で熱に変換される「吸収」の3つに分かれる。壁にぶつかる前のエネルギー（入射音）に対する反射音のエネルギーの比を1から引いた値を「吸音率」と呼んでいる。吸音率が0の場合，入射音は壁で減衰せずにそのまま跳ね返る。逆に吸音率が1の場合は音が全く反射しない。
　音が壁の外側にどれくらい漏れているのかを表す場合，透過した音のエネルギーに対する入射した音のエネルギーの割合をデシベルで表す「透過損失」という値が用いられる。音楽の練習のために処理された部

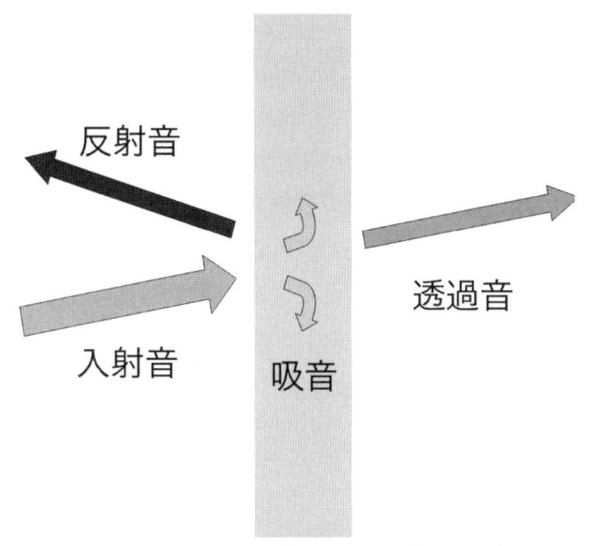

図9-2　壁に入射した音のエネルギーが反射，透過，吸音されるイメージ

（作図：亀川徹）

屋を「防音室」と呼ぶことがあるが，この「防音」という言葉には，「吸音」と「遮音」を混同して使われている場合が見受けられることがある。グラスウールのような吸音材を部屋に取り付けることで，確かに吸音されて音が反射されなくなるが，そのままでは音が部屋の外に漏れてしまう。音が漏れないようにするには，厚いコンクリートの壁や二重窓といった遮音のための工夫が必要となる。

3. 自由音場と拡散音場

　スピーカーやマイクロホンの特性を調べる際に，普通の部屋ではスピーカーから出た音以外に，壁や床，天井からの反射音が混じってしまう。そこでそのような音響機器の特性を測定する場合は「無響室」と呼ばれる響きの全く無い部屋が使われる。壁，床，天井に「くさび形」のグラスウールを張り巡らせることで，高い音から低い音まで吸音できるようにしている。このような反射音が全く無く，直接音しか聞こえない空間を「自由音場」と呼ぶ。無響室に入ると全く音がしていなくても「キーン」といった耳鳴りのような音が聞こえることがある。これは，

図9-3　無響室の例（日本音響エンジニアリング）

内耳の蝸牛管が外から音が全く無いにもかかわらず音を出しているからといわれている[1]。

　一方，様々な反射音が混じり合ってあらゆる方向から到達し，エネルギーが均一な状態にある音場を「拡散音場」と呼ぶ。教会や洞窟のような響きが十分ある空間がそれに近いが，理想的な拡散音場は現実には無いともいわれている。人工的に拡散音場を作り出すために作られたのが「残響室」と呼ばれる部屋である（図9-4）。部屋の形を工夫したり天井から反射板を吊り下げたりして，響きがなるべく均一になるようにしている。残響室では，吸音材の有無によって次項で述べる「残響時間」の長さを比べることで，吸音材の吸音特性の測定などで使用されている。

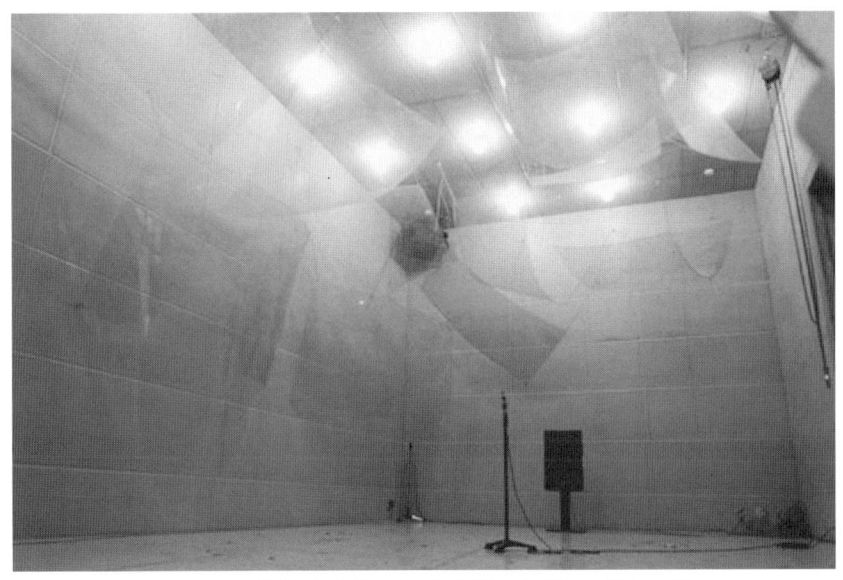

図9-4　残響室の例（日本音響エンジニアリング）

4. 残響時間

　ハーバード大学の物理学の教員であったW. C. セービン[2]は，大学内のある講堂の音響が良くないため改善を依頼された。そこで同大学内で評判の良い別の講堂と比較しながら，その講堂にあったクッションを大量に持ち込んで響きの長さを測定していたところ，クッション（吸音材）の量と，部屋の容積，壁面の素材などの条件と，響きの長さとの間にある関係が成り立つことに気付き，その関係を式で表した（1900年）[3]。セービンが示したホールの響きの長さを表す値は「残響時間」と呼ばれ，ホール内で出された音が聞こえなくなる（エネルギーが百万分の一になる）までの時間と定義されている。残響時間はホールの大きさが大きければ長くなり，また壁，床，天井に音が吸収する素材が使われている場合は短くなる。ホール内を見渡して，カーテンや絨毯などの素材が多ければ響きは短く，逆にコンクリートや板のように滑らかな素材が多い場合は長くなる。

　われわれは，客席で直接音と間接音（初期反射音，残響音）の混じった音を聞いているが，その混ざり具合が客席によって異なってくる。ステージに近い場合は直接音が大きく，楽器の音がはっきりと聞こえ，逆に客席から離れるに従って間接音が大きくなり，ホールによっては後ろの方では，あまり明瞭にステージの音が聞こえなくなる場合もある。ホールの音響設計を行う場合，なるべくステージの音が明瞭に聞こえ，かつホール内のどの客席で聞いても適度な響きが得られるようにすることが求められる。

　このホールの響きは良い，あるいは良くない，といった声を耳にすることがある。確かにせっかくの名演奏もホールの響きが良くないために台無しになった，という経験を持っている人もいるであろう。また，最

近は耐震工事や老朽化などでホールが改修される場合があるが,「前の方が良かった」という声も時々聞かれる。新しいホールを作る際に,響きの良いといわれるホールの音響的な特徴を調べて,同じようになるようにすれば良いと思われがちであるが,実際には昔使っていた建築材料が,耐火基準や耐震基準が厳しくなった現在では使用できない場合もあり,同じようなホールを作るのはなかなか簡単ではない。また,データどおりになるように設計しても,出来上がって測定してみると同じようにならないケースや,データでは同じように見えても,実際の演奏を聞いてみると印象が違う,という場合もある。その理由は初期反射音のレベル,到来時間,到来方向や,残響音の音色などが関係しているといわれているが,まだ十分には明らかにはなっていない。

5. シューボックスとヴィニヤード

　一般的に音楽ホールは,ウィーン楽友協会の大ホール(ムジークフェラインザール)のような直方体の「シューボックス型」が良いといわれている。確かに今でも世界で良い響きといわれているホールの中には,19世紀後半に作られた同じような形状のホールがいくつか入っている[4]。これはシューボックス型ホールの特徴である側壁から来る反射音が,響きの印象に重要な役割を果たしているからだと考えられている。そのためには天井を高くして,天井からの反射音がなるべく側壁よりも遅く到達するようにした方が良いという研究もあったが,最近ではあまり高すぎても良くないと考えられている。つまりシューボックスで「良い響き」のホールを作るには,ある程度の大きさに限られる。マーラーのような大編成のオーケストラや合唱が乗れるようにするにはステージの広さを大きくする必要がある。またそのような大掛かりな演奏会の収支を

図9-5　シューボックス型の代表例
　　　（ウィーン楽友協会大ホール）

考えると，なるべく多くの観客を収容できるようにしたいという興行側の意向もあり，近代のホールは3,000人，4,000人といった大ホールが主流となってきた。しかしあまりにもホールが大きくなることで，シューボックスで得られたような手応えのある反射音が得られにくくなってしまう。そこで考えられたのが「ヴィニヤード（ぶどう畑）型[5]」という形状である。ぶどう畑のように客席を幾つかのブロックに分けて，そのブロックごとに壁を建てることで適度な反射音を得られるという方式で，カラヤンの本拠地であったベルリンフィルハーモニーホールや，日本のサントリーホールなどは，その代表的なホールとして知られている。

図9-6　ヴィニヤード型の代表例（ベルリンフィルハーモニーホール）

6. ステージ上の音響

　コンサートホールにおいてステージ上の響きも重要である。ステージ上で演奏者が出した音が客席に届くのと同時に，ステージ上で演奏者自身に返ってくる音がある程度聞こえないと演奏しにくい[6]。またオーケストラ，吹奏楽，合唱，室内楽といった複数の演奏者による合奏の場合，お互いの音が聞こえないと演奏に支障をきたす場合もある。そのために，ステージ上は音響反射板と呼ばれる演奏者を取り囲むような壁や天井が用意されている。これらの壁や天井は固定されている場合もあるが，楽器編成によってはお互いが聞こえやすい位置に調整することができる場合もあるので，ステージ上で演奏する機会があれば，是非試してみるとよいであろう。

　ステージのひな壇（ライザー）も客席からステージ奥の演奏者が見えるようにするという単に視覚的な意味だけでなく，音響的にもステージ

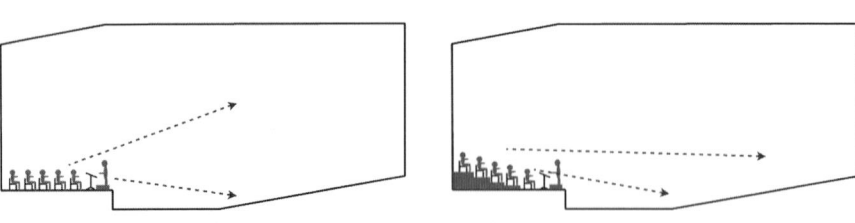

図9-7　ステージ上にひな壇が無い場合（左）とある場合（右）の音の到来イメージ

（作図：亀川徹）

後方の音が客席に届きやすくする働きがある。オーケストラの配置は通常前方から弦楽器，木管楽器，金管楽器，打楽器といった順に並んでいる。大きな音の楽器をステージの奥に配置することで，音量のバランスをとることができるが，その反面，音が明瞭に聞こえなくなる場合もある。ひな壇に乗る事で，直接音が客席に届くことで，明瞭さを保つことができる（図9-7）。

7. 最適残響時間と残響可変

　ホールの最適な残響時間は，ひとつの決まった値ではなく，容積によっても異なるし，演奏される音楽によっても異なる。様々な研究者が，部屋の用途ごとに容積と最適な残響時間との関係について調べている（図9-8）。クラシック音楽のためのコンサートホールは，オペラハウスや講堂などの声を扱う場合と比べて残響時間が長い方が良いとされている。

　通常コンサートホールは完成してしまうと響きを後から調整することは難しいため，様々な用途に対応できるように，あらかじめある程度響きを調整出来るような構造を持たせたホールもある。最も簡単な調整方

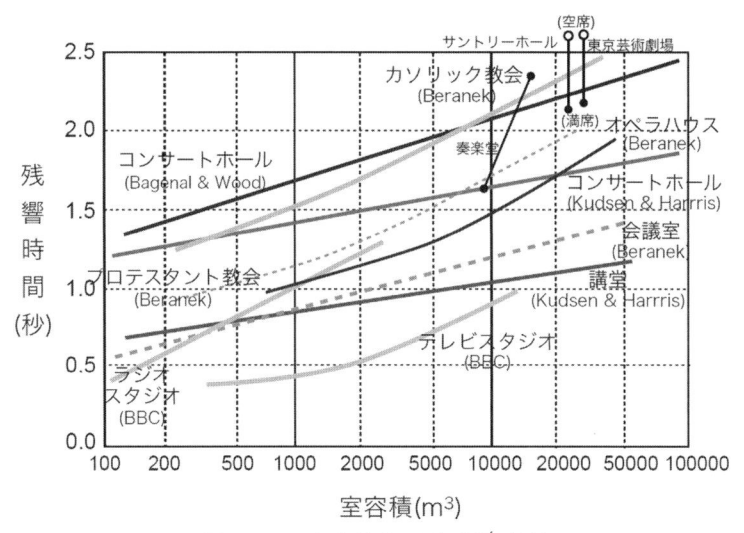

図9-8　室容積と最適残響時間
（出典：永田穂『新版　建築の音響設計』オーム社を基に筆者改変）

法は，厚手のカーテンで壁を覆う方法である。その他にも反射面と吸音面を反転出来るような構造にしたり，壁の奥に吸音チェンバー（小さな部屋）を作っておき，その扉を開閉することで吸音量を増減させる構造や，逆に残響チェンバーの扉を開閉する方法などが用いられている。

　舞台上の反響板の高さを上下させることでも響きの調整は可能であるが，東京藝術大学の奏楽堂[7]は，舞台上だけでなく客席天井を3分割してそれぞれを任意の高さに調整出来る構造を持った，世界でも珍しい室容積を変えて残響時間を変化させるホールである。ここではオーケストラ，合唱，オペラ，ピアノソロ，邦楽など，様々な演目が日常行われており，それぞれに最適な響きになるよう天井の位置を調整している（図9-9，図9-10）。

パターン1.（オーケストラ）

Organ | 12.7m 14m 15m 13.5m 15m

$T=2.20s\ C_{80}=5.37dB$

パターン3（邦楽／オペラ）

Organ | 13m 11.6m 11.6m

$T=1.74s\ C_{80}=8.10dB$

パターン2（ピアノ／声楽）

Organ | 7.3m 9.4m 11m 12m 12m

$T=1.97s\ C_{80}=4.44dB$

パターン4（オルガン）

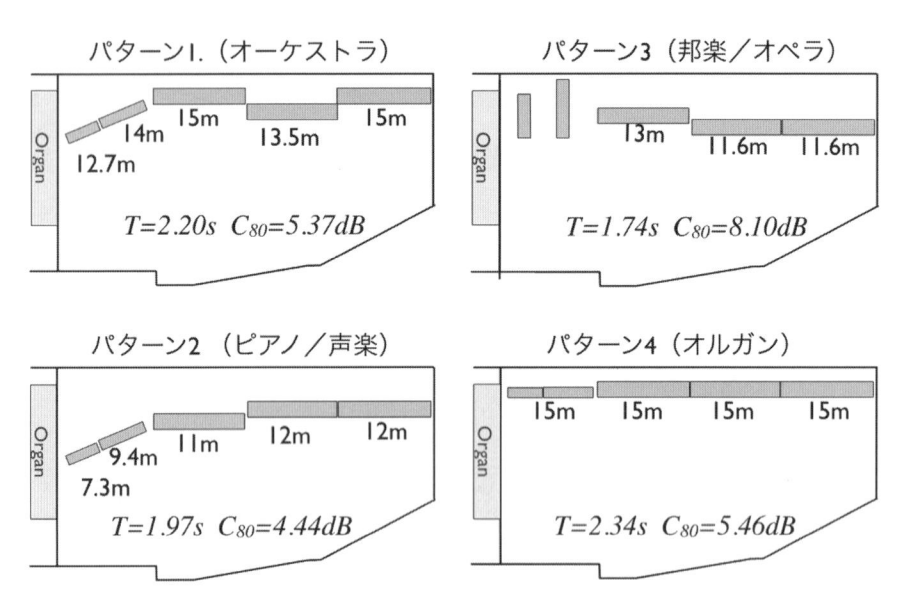

Organ | 15m 15m 15m 15m

$T=2.34s\ C_{80}=5.46dB$

図9-9　奏楽堂の代表的な天井パターンとそれぞれの残響時間（T）と明瞭度（C_{80}）[8]

（作図：亀川徹）

図9-10　奏楽堂の天井の例。左がオルガン（パターン4），右がピアノ／声楽（パターン2）の状態を示す。

（提供：東京藝術大学）

8. 拡散形状

　ウィーンの楽友協会大ホールの音の良さの秘密は，その内装にあるともいわれている。確かに金色に輝く壁面の精緻な彫刻は，いかにもきらびやかな音がしそうに見える。実際に音に効いているのは，その複雑な

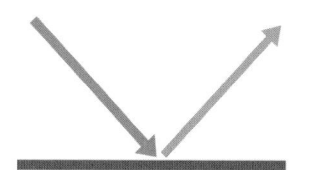

図9-11　鏡面反射（左）と拡散（右）のイメージ図

（作図：亀川徹）

図9-12　拡散形状の例。レコーディングエンジニア／プロデューサのG. マッセンバーグ氏が設計したアメリカナッシュビルのBlack Bird StudioのStudio C

形状であると考えられている。平たいつるつるした平面の壁よりも，複雑な凹凸がある壁面の方が，いろいろな高さの音を複雑に散乱することで豊かな響きが得られるといわれている。このような音を散乱させる形状は拡散形状と呼ばれ，ホールやスタジオの設計において，反射，吸音と並んで壁や天井の音響特性を検討する場合に考慮される。3項で述べた拡散音場を実現するためには，このような拡散形状が重要とされており，空間印象のひとつである「音に包まれた感じ」[9]に関係していると考えている。

9. 練習室などの小空間の響き

　教室や練習室などの部屋で，手をたたくと「ビーン」という音が聞こえる場合がある。これは向かい合う壁の間，あるいは天井と床との間で音が繰り返して反射するために起こる「フラッターエコー」という現象である。有名な日光の「鳴き龍」もこのフラッターエコーの一種といえる。

　部屋の壁で跳ね返った音は，そのまま戻って反対側の壁で反射して，また元の壁に向かって，ということを繰り返すことでこのような現象が起きる。これは管楽器の共鳴と同じような現象で，壁と壁の間隔（あるいは床と天井の間隔）をd（メートル）とすると，その2倍（$2d$）の波長を持つ音が，その部屋で強調される音の高さとなる。これを部屋の「モード」と呼んでいる。実際の教室や練習室でこのような現象が起こると，ある高さの音が強調されたり響きが残ったりして，非常に聞き辛い音になる。これを防ぐためには，向かい合う壁，あるいは天井と床のどちらかに吸音材を貼ったり，反射板を用いて音が反射の方向を変えたり，あるいは拡散形状を用いて音を散乱させる必要がある。

10. 音楽と響き

　「良い響き」とはどういったものだろうか？建築音響の専門家をはじめ多くの研究者がこの問題に今も向き合っている。これまでの研究で，残響時間，反射音の大きさ，到来時間，方向など，いくつかの音響的特徴で「適切な数値」が提唱されている。しかし最終的に客席で聞いている観客がどのように感じるかについては，未だによくわかっていない。また，良い響き自体も，バロックや古典とロマン派，現代曲といったように，音楽の種類や演奏のスタイルによって求められるものが違ってくる。また，もうひとつ重要な点は，ステージ上で演奏している演奏家自身が，そこで聞こえてくる響きによって演奏を半ば無意識のうちに調整しているということである。昔からどのような演奏環境でも素晴らしい演奏ができるのが一流の演奏家の条件といわれているように，経験を積んだ優れた演奏家は，客席での聞こえ方を想像して演奏を修正している。音楽を演奏するためには，全く響きの無い場所や，逆に響き過ぎる場所でもない，適度な響きが求められる。演奏者がステージ上で気持ちよく音楽的な表現ができ，かつ，そうやって演奏された音が客席に的確に届く。部屋の響きを意識することなく，思わず音楽に引きつけられる―これが理想の響きといえるのであろう。

演習問題

・身の周りの空間の響きの違いを聴いてみよう。声や音楽が聴きやすい場所とそうでない場所で何か違うかについて考えてみよう。

《本文脚注》

(1) 耳音響放射（じおんきょうほうしゃ，otoacoustic emission, OAE）と呼ばれる。

(2) Wallace Clement Sabine（1868-1919）アメリカの物理学者。ボストンシンフォニーホールの音響設計を担当した。

(3) 残響時間 $T=0.161\dfrac{V}{\alpha S}$ で表される（V：容積，S：表面積，α：平均吸音率）。その後，セービンの弟子のアイリング（Eyring）が改良した式 $T=0.161\dfrac{V}{-S\ln(1-\alpha)}$ が通常用いられている（ln は自然対数）。

(4) アムステルダム・コンセルトヘボウ（1888年）やボストン・シンフォニーホール（1900年）はシューボックスの代表例といわれている。

(5) Vineyard「ぶどうの段々畑」を意味する。ワインヤードと呼ぶのは間違い。

(6) A. C. Gade はステージ上の反射音のエネルギーを評価する指標として ST（Stage Support）を提案している。

(7) 1998年に竣工した「新奏楽堂」。東京音楽学校の奏楽堂は明治23年に建てられた日本初の音楽専用ホールで，現在は台東区上野公園内に移築されて「旧奏楽堂」と呼ばれている。

(8) C 値（Clarity）と呼ばれ，直接音＋初期の反射音と残響音のエネルギー比を表す。C 値が大きいほど明瞭に聞こえる。C_{80} は直接音の開始から80msまでの初期反射音とその後の残響音との比で計算した

値。
(9) LEV（Listener Envelopment）と呼ばれる。

引用文献

上野佳奈子編著（2012）『コンサートホールの科学』コロナ社
http://en.wikipedia.org/wiki/Wallace_Clement_Sabine
永田穂（1991）『新版　建築の音響設計』オーム社
福地智子，岩崎真，亀川徹（2009）『奏楽堂の設計概要と実際の運用について』音楽音響・建築音響研究会，MA-AA2009-67

参考文献

ハインリッヒクットルフ（藤原恭司，日高孝之訳）（2003）『室内音響学』市ヶ谷出版
飯田一博，森本政之編著（2010）『室間音響学』コロナ社

10 | 音の記録と再生

亀川　徹

《目標&ポイント》　音を作るための基礎知識として，録音技術，再生技術について取り上げる。エジソンの蓄音機から始まった録音の歴史を振り返りながら，マイクロホンの原理やデジタル録音，ステレオ録音について理解を深める。
《キーワード》　マイクロホン，スピーカー，デジタル録音，ステレオフォニック

1. 身の周りの音

　今，身の周りから聞こえてくる音に耳を澄ましてみてほしい。周りの人の声，鳥のさえずり，木のそよぐ音，テレビから聞こえてくる音，車の往来，電車の音，店の中のBGM，場内アナウンスの声，身に付けているイヤホンから流れる音楽など，様々な音が聞こえてくる。そしてそれらは大きく自然の音，人工的な音に分けられる。そして人工的な音も自動車や機械などが発する音と，テレビやオーディオ装置，駅の構内アナウンス，レストランで聞こえてくるBGMといったスピーカーやイヤホンを通してわれわれが聞く音とに分けることができる。
　スピーカーやイヤホンで聞かれる音は，電気信号によって扱われる。空気の振動である音を電気で扱うためには，マイクロホン，スピーカー，録音機といった様々な電子機器が用いられている。そしてそれらは，19世紀後半から130年程度の間にかけて急速に発展を遂げた。この章ではこのような電気で作られる音について，その発展の歴史から，録音技術，

再生技術の実際例について取り上げる。

2. 録音技術の歴史

（1） 蓄音機の発明

　聴きたい音楽を聴きたい時に聞く。今では当たり前のことであるが，音の記録・再生を世界で初めて実現したのは，トーマス・アルバ・エジソンが1877年12月6日に行った実験であった。音の記録のアイデア自体は，エジソンに先立ち1857年にフランスのレオン・スコットが考案したフォノトグラフが世界初であるといわれているが，これは記録ができただけで，当時の技術では再生することはできなかった。

　エジソンの発明したフォノグラムは，振動板の先に取り付けられた針が円筒に貼られた錫箔（すずはく）に音の振動を刻むという仕組みで，その後筒型の蠟管（ろう）が使われるなどの改良が行われた。1887年には，エミール・ベルリナーが円盤式蓄音機グラモフォンを開発し，その後しばらくエジソンのフォノグラムとベルリナーのグラモフォンの双方でフォーマット戦争ともいえる技術改良の競争が行われ，最終的に記録時間や複製のしやすさから，円盤式のグラモフォンが市場を席巻するようになる。その後，電気による録音，増幅，再生技術が導入され，電気蓄音機（レコードプレーヤー）が主流となる。その後LP（long play）レコードが開発されると，それまでのレコードはSP（standard play）レコードと呼ばれるようになった。LPレコードによって，それまで12インチ（約30cm）で5分程度しかなかった録音時間が，一挙に30分の長時間の録音が可能になった。また2台のスピーカーによって立体的な音を再生するステレオ録音・再生も実現し，カートリッジ（レコード針）や増幅回路の改良によって高音質化が進んだ。

図10-1 エジソンのフォノグラム（1877年）
（出典：森芳久，君塚雅憲，亀川徹『音響技術史』東京藝術大学出版会）

図10-2 ベルリナーのグラモフォン（1887年）
（出典：森芳久，君塚雅憲，亀川徹『音響技術史』東京藝術大学出版会）

（2） テープレコーダー

　一方蓄音機とは別に，1888年にオバリン・スミスが考案した針金に録音する方式は，1898年にヴァルデマール・ポールセンによってワイヤーレコーダーとして実用化され，その後，1928年には紙テープに磁石の粉を塗った磁気テープレコーダーが開発される。テープレコーダーの最大の特徴は，テープをはさみで切って貼り合わせることで音の編集ができるようになったことである。これまで蓄音機の録音では，途中で収録のNGがあると，最初からやり直すしかなかったが，テープレコーダーによって，録り直しや編集が可能になり，音作りの自由度が大きく増した。

図10-3　東京通信工業（ソニーの前身）のテープレコーダー試作機第1号
（出典：ソニーのホームページ）

(3) デジタル録音

録音技術に大きな変革をもたらしたもうひとつの技術は，デジタル録音技術である。電気に変換された音の信号は，「アナログ信号」と呼ばれる時間的に連続した信号であるが，周波数の帯域を制限することで，ある一定の時間間隔で標本化（サンプリング）した数値に変換することができる。これは1928年にハーリー・ナイキストによって「標本化定理」として予想され，1949年にクロード・シャノンと染谷勲によってそれぞれ独自に証明された。この考え方によって，連続したアナログ信号を有限の数値として置き換えることができ，またそれらの数値を1と0の2進数で表すことで，デジタル信号としてコンピュータによって音を扱うことができるようになった。デジタル処理による録音再生に関する研究は1960年代からNHKの技術研究所でも行われていたが，当時のコンピュータの処理能力ではまだまだ夢物語であった。1974年には世界初

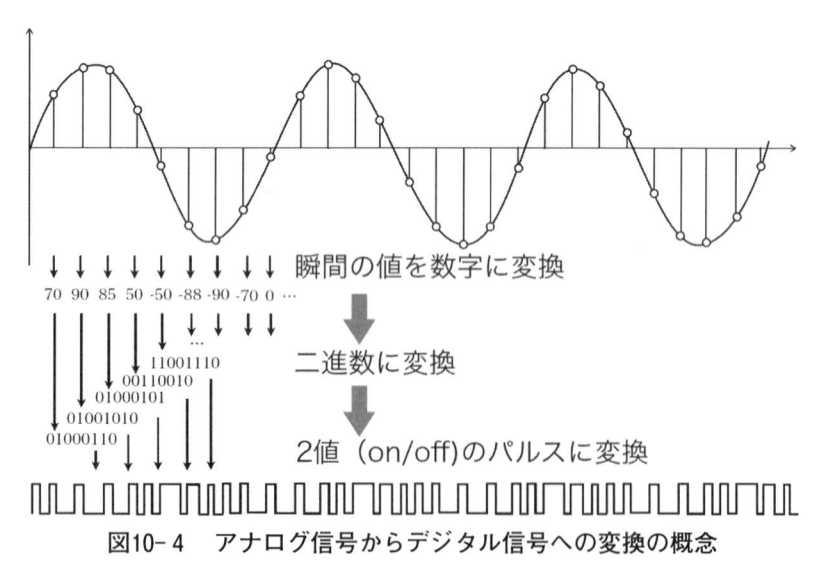

図10-4 アナログ信号からデジタル信号への変換の概念

（作図：亀川　徹）

のデジタル録音機が完成するが，それは冷蔵庫並みのサイズで総重量300kgを超える大きさであった。その後はコンピュータ技術の進展とともに，飛躍的な進歩を遂げ，その成果は1982年，CD（コンパクト・ディスク）の登場に結び付く。音声信号からデジタル信号処理によって0と1に変換されたデータを，幅0.5μm，長さ0.9〜3.2μm[1]のピットと呼ばれる小さな凹みとして記録し，それをレーザー光で読み取る方式によって，それまでのLPレコードと比べて，ダイナミックレンジ[2]，周波数特性[3]が飛躍的に拡大した。またLPレコードが30cmの大きさに片面で最大30分程度までしか記録できなかったが，CDでは12cmのサイズに74分42秒まで延ばすことができるようになり[4]，これまでレコードを何度も入れ替えて交響曲を聞いていたクラシックファンから歓迎された。

（4） ウォークマンからiPodへ

1979年にソニーが発表した「ウォークマン」は，音楽聴取の形態を大きく変えた。それまでは書斎に鎮座したステレオセットのスピーカーに

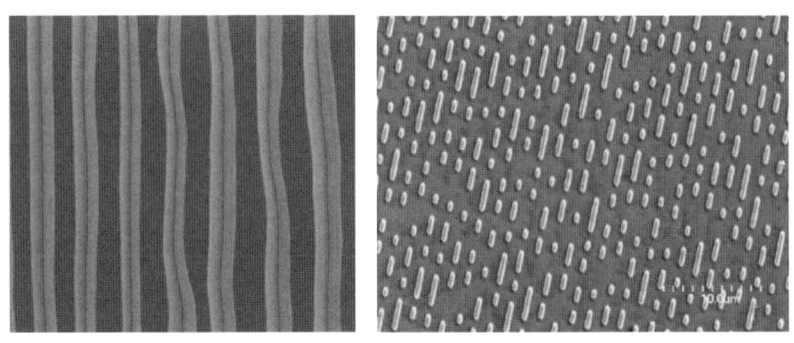

図10-5　レコードの溝（左）とCDのピット（右）
（提供：明星大学連携研究センター）

よって聞かれていた音楽が、腰ベルトに装着した小型のカセット再生機からヘッドホンで聞くというスタイルになり、若者を中心にいつでもどこでも音楽を聞くというファッションが生まれるようになった。このような状況とCDの普及によってポピュラー音楽の市場は拡大し、音楽産業は急成長を遂げることになる。

　デジタル化の勢いは、コンピュータの家庭への普及とともにハードディスクなどの記録装置や信号処理装置の小型化、低価格化へと向かうようになる。また音声信号をデジタル化する際に、マスキング[5]など人間の聴覚の特性を考慮することで、データ量を少なくするMP3[6]をはじめとする様々な圧縮方式が開発され、小型のハードディスクや個体メモリーを用いたiPod（2001年～）などのデジタルポータブルプレーヤーが急速に普及する。そして2000年代以降、インターネットの普及や携帯電話を用いたデータ伝送の高速化が進み、音楽をCDなどのパッケージメディアで聞く時代からインターネットからダウンロード[7]やストリーミング[8]によって聞く時代へと変化している。

3. マイクロホンとスピーカー

(1) マイクロホンの仕組み

　録音・再生において、まず音を電気に変換するマイクロホン、変換された電気を調整したり、加工したりするアンプやミキサー、電気信号を記録する録音機、そして最終的に電気を音に変換するスピーカーといった機器が用いられる。

　マイクロホンは、音を電気に変換する仕組みによって様々なタイプに分けられる。最も一般的な仕組みは、磁石とコイルを用いたダイナミックマイクロホンと呼ばれるもので、振動板に取り付けられたコイル[9]を

磁石の間にセットし，空気の振動によってコイルが磁界の中で運動することで，コイルの電線に電気が流れる。この「電磁誘導」と呼ばれる現象によって，音を電気に変換する。この時，電流，磁界，振動（導体を動かす力）それぞれの向きは直角の関係にあるため，右手の中指，人差し指，親指で示すフレミング右手の法則として知られている。

　もうひとつの代表的な仕組みは，並行な金属板を近接させて電子を蓄積する仕組みであるコンデンサを振動版に用いるコンデンサマイクである。空気の圧力変化によって，金属板の間隔が変化することでコンデンサに蓄えられる電子の量（静電容量）が変化し，音の信号を電気の信号

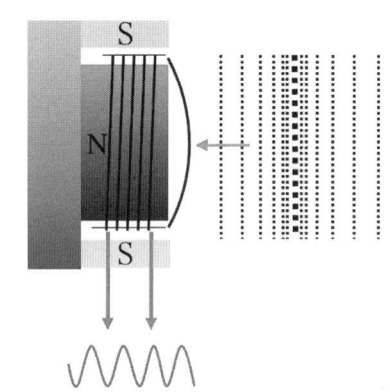

図10-6　ダイナミックマイクロホンの仕組み　（作図：亀川　徹）

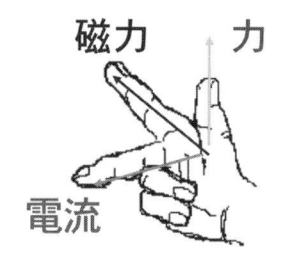

図10-7　フレミングの右手法則　（作図：亀川　徹）

に変換する。コンデンサマイクは，コンデンサに電子を蓄えるための電源が必要になる。そのためマイクケーブルとは別に専用の電源を接続する必要があるが，現在ではミキサーからマイクケーブルに電圧をかけるファンタム電源方式が用いられている。ダイナミックマイクの出力電圧は，数 mV（ボルト）程度であるが，コンデンサマイクロホンの場合は，20〜30mV と10倍程度の出力電圧が得られる。

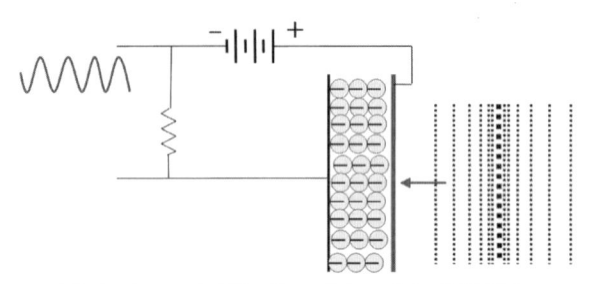

図10-8　コンデンサマイクロホンの仕組み

（作図：亀川　徹）

　その他のマイクロホンとしては，セラミックなどの圧電素子[10]を用いた圧電マイクや，エレクトレット素子[11]を用いたエレクトリックコンデンサマイクがある。エレクトレットコンデンサマイクは，小型化で高感度かつ廉価に作れるため，携帯電話など様々な場面で使われている。

（2）マイクロホンの指向性

　マイクロホンの振動板の背面の空間を閉じることで，音の到来方向にかかわらず感度が均一なマイクロホンとなる。これを全指向性マイクロホンと呼ぶ。一方，振動版の背面にも音が回り込むようにすることで，振動板に対して直角の方向に感度が最大になり，振動板の横方向から入射する音に対して感度が最小になる双指向性マイクロホンがある。背面に入射する音を調整することで，振動板の表面一方向が最大の感度となり，背面方向が最小になる単一指向性マイクロホンが得られる。実際の録音では，これらの特徴を利用しながら，様々なタイプのマイクロホンが使われている。

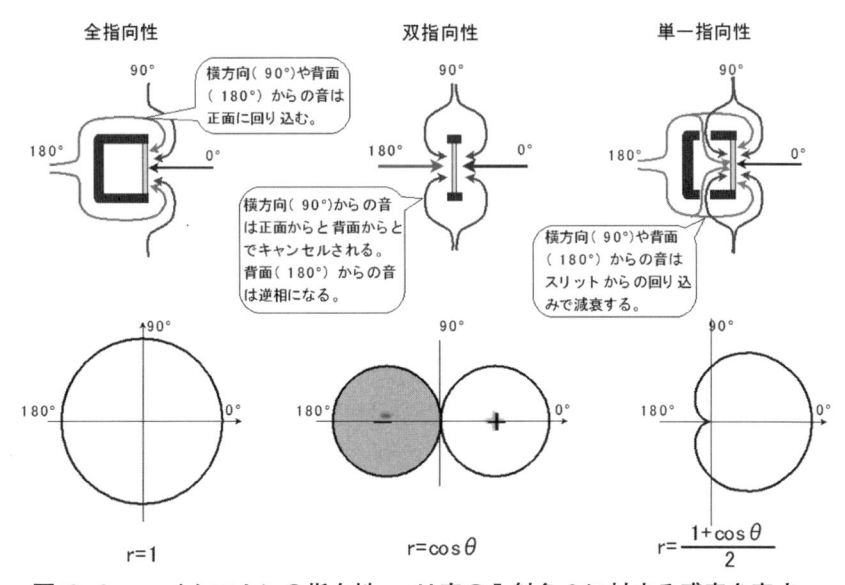

図10-9　マイクロホンの指向性。rは音の入射角θに対する感度を表す。

（作図：亀川　徹）

（3） スピーカー

　マイクロホンとは逆に，電気信号を音に変換するのがスピーカーである。スピーカーの原理は，マイクロホンと丁度逆の仕組みとなっている。最もポピュラーなスピーカーの仕組みは，磁石に挟まれたコイルに電気信号を流すことで発生するローレンツ力によって振動板を動かすことで，音に変換する仕組みが用いられている。これはダイナミックマイクロホンと丁度逆の関係となり，この時の電気，磁界，運動の方向は，フレミング左手の法則として知られている。

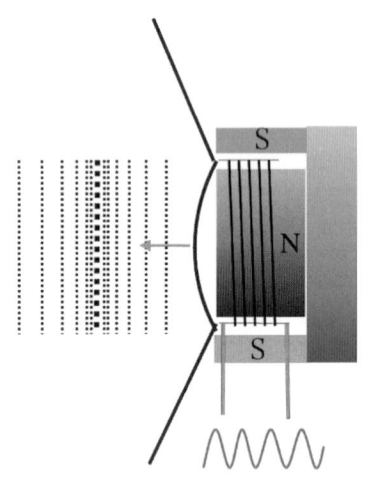

図10-10　スピーカーの仕組み　（作図：亀川　徹）

　前述のような仕組みのスピーカーのドライバーユニット単体では，振動板の表側と同時に裏側からも音ができてくるため，それらが干渉しあって音が弱くなってしまう。そこで，ドライバーユニットをエンクロージャーと呼ばれる箱に入れて，振動板の背面からの音が出て来ないようにしている。またエンクロージャーの適当な位置に適当な大きさの

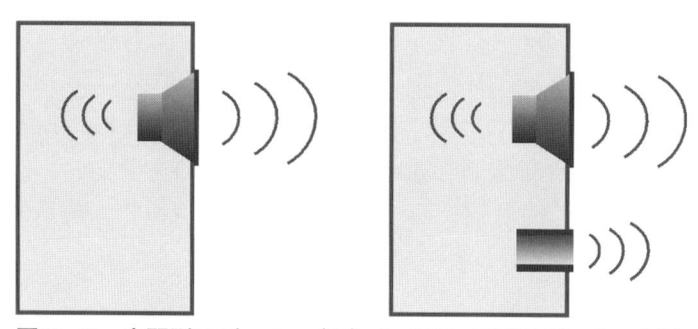

図10-11　密閉型スピーカー（左）とバスレフ型スピーカー（右）
（作図：亀川　徹）

穴を開けることで，適度な低音を出すようにしたバスレフ型と呼ばれるものや，ドライバーユニットを高音用，低音用に分けて再生周波数帯域幅を広げるようにした2way方式などがある。

スピーカーにもマイクロホンと同様に指向性がある。通常低音は指向性が広く，高音になるに従って指向性が狭くなる。PA[12]のように広い場所で音を拡声する場合には，なるべく客席による音の聞こえ方の違い

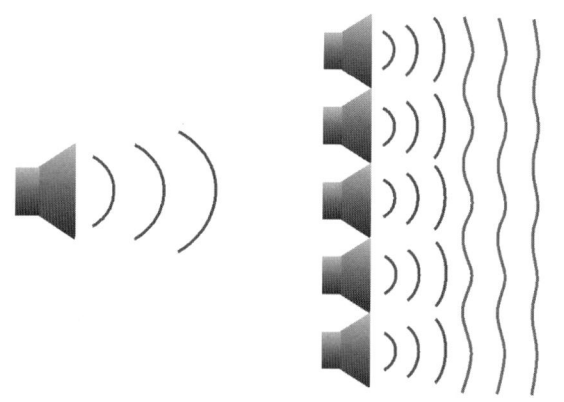

図10-12　通常のスピーカー（左：球面波）とラインアレイ
　　　　スピーカー（右：平面波）のイメージ
（作図：亀川　徹）

が出ないようにするため，同じスピーカーユニットを直線に並べて同位相[13]で鳴らす「ラインアレイスピーカー」が用いられている。複数のスピーカーが同時に鳴ることで，音波を球面ではなく平面状に伝搬させることでき，客席の近い位置と遠い位置の音量の違いを少なくすることができる。

4．録音とミキシング

（1）マルチトラック録音

　前述の蓄音機の時代は，蓄音機の集音器の前に演奏家が集まって録音が行われた。そのため，大きな音の楽器は後ろに，小さな音の楽器は前に配置されて音量のバランスがとられた。また，当時の蓄音機の録音・再生の周波数特性から，コントラバスなどの低音楽器は使われず，サクソフォンなどの蓄音機の再生帯域にあった楽器が使われていた。その後，マイクロホンの開発によって電気による録音が可能になったことで，ダイナミックレンジ[14]や周波数特性の制限がなくなり，小さな音の楽器や低音楽器も録音に使われるようになった。また複数のマイクロホンを使用して，それらの音量を調整することができるようなミキシングコンソールによって，楽器そのものの音量に制限されることなく，個々楽器のバランスを音楽的に最適になるよう調整できるようになった。

　米国のギタリスト，レス・ポールは，複数のレコード盤を用いて，録音された音を聞きながら，そこに新しく音を重ねていく「オーバー・ダビング」という手法を用いて新しい音楽制作のスタイルを模索していたが，彼はテープ録音機に目をつけ，録音機能を改造して，記録できるチャンネル（これをトラックと呼ぶ）を3トラックにしたモデルや，1インチ幅のテープを用いた8トラックのモデルを特注した。レス・ポー

図10-13　アコースティック録音風景
（出典：森芳久，君塚雅憲，亀川徹『音響技術史』東京藝術大学出版会）

ルとメリー・フォードによって作られた《Mockin' Bird Hill（1951）》は，初めてオーバー・ダビングが行われたレコードとして知られている。
　マルチトラックレコーダーの開発によって音楽制作の手法は大きく変化した。録音された音を聞きながらさらに音を重ねていくことで，一人の演奏者がコーラスをしたり，複数の楽器を演奏するといった，従来リアルタイムの演奏では不可能であった録音を可能とした。このように，それまでは同じ空間，同じ時間で同時に録音しなければならなかったが，マルチトラックレコーダーを用いることで，最初にドラムを録音し，その後にベースを録音し，といったように，個々の楽器を別々のトラックに収録して，それらを後でミキシングするという方法がとられるように

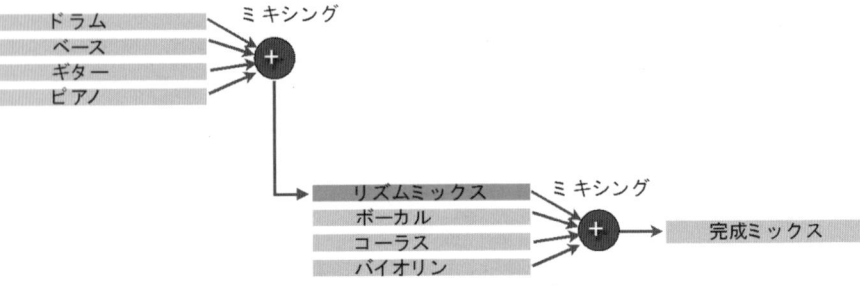

図10-14　マルチトラック録音のイメージ　（作図：亀川　徹）

なった。1960年代後半に世界中を湧かせたビートルズは，マイクロホンの音を別々に記録するマルチトラック録音の可能性を引き出したことでも有名である。彼らの代表作ともいえる《Sgt. Pepper's Lonely Hearts Club Band（1968）》は，今聴いても4トラックの録音機2台を駆使して作ったとは思えない完成度である。当時はまだアナログテープであったため，隣接トラック間のクロストークや，コピーを重ねるごとにS/N[15]が劣化するという問題があったが，このことはデジタル技術によって解消されることになる。磁気ヘッドの改良，磁気テープの高密度化などによって，デジタルマルチ録音機はトラック数を16トラックから24，32，そして48トラックまで拡張され，楽器ごとに別々のトラックに録音して，後からバランスやエフェクト処理を行う手法がポピュラー音楽の制作手法の主流となる。

（2）　DAW（Digital Audio Workstation）

　デジタル機器の導入によっても録音手法は大きく変わった。いったんデジタル化された音は，0と1のデータとして扱うことができるため，コンピュータによって様々な処理が可能となる。磁気コーティングした円盤を何層にも重ねて，複数のヘッドによってデータを瞬時に読み出す

ハードディスクと，読み取ったデータをバッファとしてためておいて時系列に出力するランダムアクセスメモリー（RAM）をデジタルオーディオに応用する試みはデジタルの初期の頃から行われていた。コンピュータ技術の進展によって，アクセスタイム（シークタイム）が向上し，大容量のハードディスクやメモリーが廉価になったことで，複数の音声信号を瞬時に読み出して連続して再生することが可能になった。そして従来のマルチトラックレコーダーとミキシングコンソールの機能を統合した DAW（Digital Audio Workstation）の普及によって，音の編集や加工が非常に簡単にできるようになった。

　DAW の最大の特徴は，「やり直し」ができることであろう。これまでのテープ録音機では，録り直したり編集してつないだりしたテープを元に戻すことはできなかった。DAW はそれまでの録音や編集作業を全てコンピュータ内に保存しておくことで，簡単に元に戻すことができる。収録後に気に入らない演奏部分を他の良い演奏に差し替えて，完成度の高い演奏を作り上げることが可能になった。その反面，演奏の流れや，他の演奏者とのやりとりといった，本来演奏会で生まれるような良い意味での緊張感のある演奏が生まれにくくなったともいわれている。そのため，最近はあえて別々に録音せずに，演奏者全員が一堂に介して一気に録音する「一発録り」と呼ばれる録音方法をとる場合もある。

5．立体音響

　ステレオという言葉は，2台のスピーカーを使って聴く場合に使われることが多いが，元々はステレオフォニック（stereophonic）＝立体音響という意味である．1つのスピーカーで聴く場合をモノラルと呼んでいるが，これは本来両耳で聴くバイノーラルに対して，片耳で聴く事を意味するため，正確にはモノフォニックと呼ぶべきであろう．

　2台のスピーカーから同じ信号を出力して，それらの真ん中で聴くと，スピーカーの間に音源があるように聞こえる．これは実際にそこに音源があるのではなく，聴取者の脳内にイメージとして現れる．これを音像（sound image）と呼ぶ．左右のスピーカーから出す音のレベルを変えたり，時間差を発生させたりすることで，音像は左（あるいは右）に移動する．ヒトは左右の耳に入ってくる音のレベル差（両耳間レベル差[16]と時間差（両耳間時間差[17]）によって音源の位置を判断している．2つのスピーカーから出された音を両耳で聴いたときに生じるレベル差，時

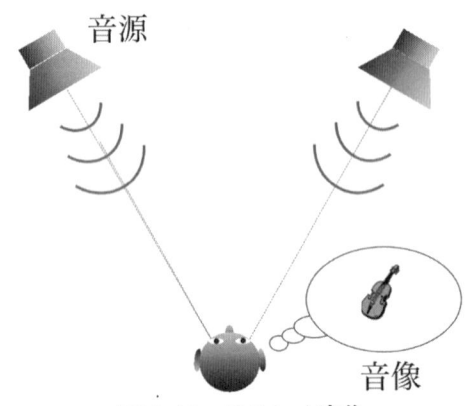

図10-15　ステレオ音像
（作図：亀川　徹）

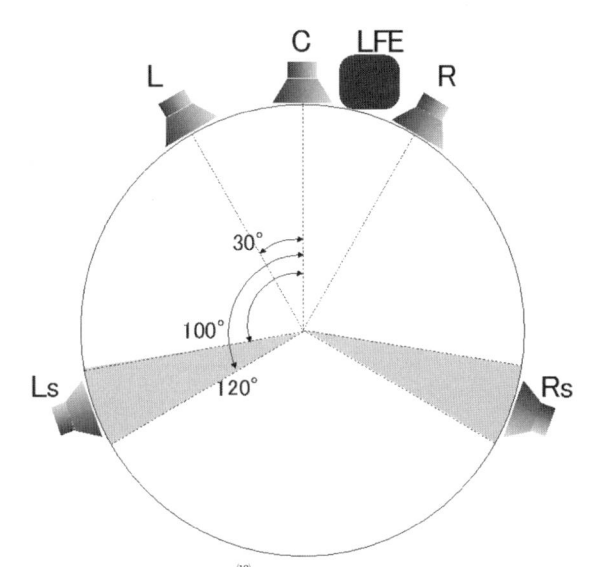

図10-16 国際規格[18]で推奨されている5.1チャンネルサラウンド方式のスピーカー配置。

間差によって，音像の位置（音像定位）をイメージすることができる。ステレオ録音では，2本のマイクロホンの指向性や間隔によって生じるレベル差，時間差によって立体的な音像を作り出している。またミキシングと呼ばれる作業では，パンポット[19]やディレイ[20]，リバーブ[21]を用いることで，左右のスピーカーの間に音像を作り出すことができる。

　ホームシアターや映画館では，左右だけでなく，センター（中央）や後方，そして低音専用のスピーカー[22]を配置する5.1チャンネルサラウンドシステムが用いられている。2チャンネルステレオの場合は，聴取位置が左右のスピーカーの中央でないと，正確な音像がイメージできないが，センターにスピーカーを配置することで中央の音像定位が明確になる。また後方のスピーカーを用いることで，聴取者を取り囲むような音を表現できる。最近では高さ方向にもスピーカーを配置した方式も登場

し，上下方向の空間表現についても可能になった[23]。

　最近は若者を中心に街中でも携帯音楽プレーヤからヘッドホンで聞くスタイルが主流になっている。ヘッドホンで聞く音は，スピーカーの場合と違っている。スピーカーで聞く場合は，右のスピーカーから出た音は右耳に入ると同時に左耳にも入ってくる。同様に左のスピーカーからの音も右耳に入ってくる。ヘッドホンの場合は左右の信号がそのまま左右の耳に入ってくるため，スピーカーで聞いた場合の音像とは違って聞こえる。また，われわれは実際の聴取環境では，顔を微細に動かすこと

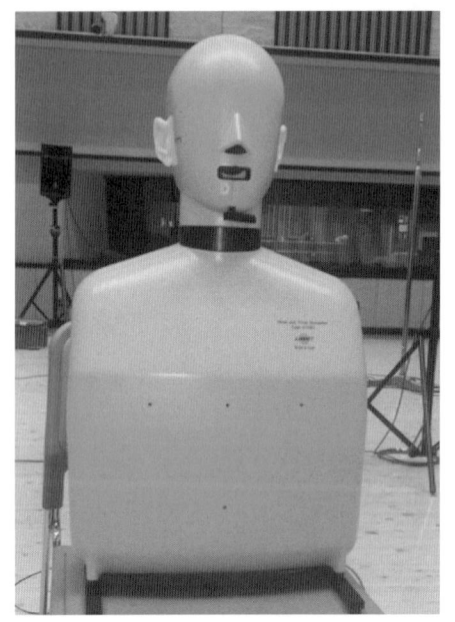

図10-17　ダミーヘッドマイクロホン
（B&K 4128C Head and Torso Simulators (HATS)）

（写真協力：ブリュエル・ケアー・ジャパン）

で，左右の耳に入ってくる信号をより細かく検知している。例えば正面からの音も背面からの音も左右の耳に同じ時間で到達するが，頭を左右に少し動かした場合にどちらかの耳の音が大きくなるかで前後の判断をしている。ヘッドホンではそのような判断ができないため，スピーカーでは正面に定位する音がヘッドホンでは頭の真上に定位してしまう。

　このようなヘッドホンでの聴取に合わせた録音を行う試みとして，ダミーヘッドと呼ばれる人間の頭部をかたどった人形の耳穴にマイクロホンを設置したダミーヘッド録音や，ヒトの耳穴にマイクを挿入して録音するといったバイノーラル録音も行われている。

6. 実際の録音にあたって注意すべきこと

　これまで述べてきたように，録音技術の導入によって音楽の制作手法は大きく変わった。しかし「マイクロホンを通して録音する」場合の本質は，電気録音が主流になった1950年代，60年代からほとんど変わっていない。録音する際に，まず気を付けないといけないことは，適切な録音レベルで録音するということである。実際に演奏される音圧の最小値と最大値の比は千倍程度（約60dB）にも及ぶ場合もあるため，マイクロホンから録音機に至るまでの間で，機器の中で許容できる最大の音量を超えないように，また逆に小さくなりすぎないように，それぞれの機器のレベル調整を行う必要がある。

　その次に重要なのは，適切なバランスをとることである。ここでいうバランスとは，例えば複数の楽器がある場合は，それぞれの音量のバランスであったり，低音から高音までの周波数特性のバランスであったり，また広がりや奥行きといった空間のバランスを考えてそれぞれの音を調整するミキシングと呼ばれる作業が重要になってくる。

ミキシングを行う以前に，それぞれのマイクロホンにどのような音が入ってくるかということも重要である。ポップスの場合は，なるべく明瞭な音が得られる近い距離にマイクロホンを設置して，後でリバーブを用いて，適切な響きに調整することが多い。一方，クラシック音楽などのアコースティックな録音では，適切な響きの部屋（ホール）で，演奏者とマイクロホンを適切な位置に置いて録音するということが重要になってくる。ここでいう「適切」とは，録音する対象によって異なり，ひとつの回答があるわけではないが，概ね「音源の明瞭さ」と「適度な部屋の響き」のバランスを如何にとるかであるといえる。そのためにマイクロホンの種類，指向性，音源に対する距離，向きなどを調整して，最適なバランスを求める作業が重要になる。楽器とマイクロホンの位置の調整のために丸 1 日費やすこともある。

7. 録音技術と音楽

録音技術の発明によって，音楽の作り方，聴き方は大きく変化した。例えば西洋のクラシック音楽では，ワーグナーの活躍した19世紀までは，新しい音を求めて楽器の改良や，新しい楽器の開発が熱心に行われたが，20世紀以降は，録音技術によって作曲家の興味は従来の楽器やオーケストレーションによる音の改良よりも，ミュージックコンクレート[24]や電子音楽といった録音によって得られる音そのものの加工が中心となっていった。マルチトラック録音や DAW を用いた編集，加工技術によって，より緻密な音の合成が可能になり，音楽の作り方は大きく変化した。特にポピュラー音楽を中心に，音楽制作の効率化がすすみ，毎年大量の曲が作られ消費されている。またコンピュータを用いた音楽の制作も簡単にできるようになり，CD などの音楽ソフトの価格はここ数年で大き

く下がったといえる。もはや音楽はファッションの一部ともいえる状況の中で，今後音楽制作はどのようになっていくのであろうか？

　一方で，これまでは専門家でしか扱えなかった録音機材が，今や誰でも簡単に扱うことができるようになり，YouTube に代表されるように，誰もが音楽を制作し，発信できる時代が到来した。そういった新しい流れの中で，未来に語り継がれるような新しい音楽が生まれてくることを期待したい。

演習問題

・手持ちの CD などの音を聞いて，録音された場所や，どのように録音されたのかなどを想像してみよう。またいろいろな録音を聞き比べて，音楽や歌詞以外にどういう音の違いがあるかを比べてみよう。

《本文脚注》

(1) μm（マイクロメートル）は千分の 1 mm。
(2) 記録できる音の大きさの最大値と最小値（ノイズレベル）との差。
(3) 周波数（この場合は音の高さ）ごとの出力レベル（音量）の関係を図式化したもの。
(4) 世界的な指揮者のカラヤンが，ベートーベンの交響曲第 9 番がディスク 1 枚に納まるようにした方が良いというアドバイスが決め手となったといわれている。
(5) テレビの音が掃除機の音によって聞こえなくなるように，通常なら聞こえる音が，別の音によって聞こえなくなる現象。2 つの音が同時に発生した場合に生じる同時マスキングと大きな音の直前や直後に聞

こえなくなる経時マスキングがある。
(6) MPEG-1レイヤー3の略称。MPEGとはISO（国際標準化機構）とIEC（国際電子技術委員会）との共同で，映像や音声のデジタル符号化の標準規格を決めるために作られたグループ。
(7) インターネット上のデータを手元のコンピュータにコピーすること。
(8) インターネット上のデータをダウンロードしながら再生する。著作権保護のために，手元にデータを保存できない方式がとられる場合が多い。
(9) 電線を円形に何重にも巻いた状態にしたもの。
(10) 力を加えると電圧を発生させる素子。セラミックなどが使われる。
(11) 半永久的に電荷を蓄える高分子化合物。
(12) public addressの略。最近ではSR（sound reinforcement）と呼ばれる事もある。
(13) 周期的な音の変化は円周上を回転している運動として考えることができる。その時の円周上の位置を角度で表したものを「位相」と呼んでいる。同位相とは2つの音のタイミングが合っている状態をいう。
(14) 音量の最小値から最大値までの幅。録音機の場合，最小値はノイズレベルで，最大値は音が歪む直前のレベルで定義される。
(15) S（signal＝信号）とN（noise＝雑音）の比。アナログテープではヒスノイズと呼ばれる高域の「シャー」というノイズが避けられなかった。
(16) ILD (inter-aural level difference)
(17) ITD (inter-aural time difference)
(18) 1992年から94年にかけて世界の音響関係者が集まり，ITU-R（国際電気通信連合・放送部門）の規格（BS775）として定められた。
(19) Panoramic Potentiometerの略。左右の信号のレベルを調整するこ

とで，音像定位をコントロールできる。パンナー（panner）とも呼ばれる。

(20)　delay：元の音をある時間遅らせる効果機器。遅らせる時間によってコーラス効果やエコー（やまびこ）効果などを様々な音の加工に用いられる。

(21)　残響を電気的に付加する装置。

(22)　低音専用チャンネル（LFE = Low Frequency Effect）は120Hz以下の低音のみを扱うため，0.1チャンネルといわれている。再生にはサブウーファーが用いられるが，配置については特に規定されておらず，部屋の中で低音が均一に聞こえる位置が推奨されている。

(23)　天井にもスピーカーを配置する方式には，ドルビーAtmosやAuro 3D，NHKの22.2チャンネルといった方式が提案されている。

(24)　1940年代の後半にフランスでピエール・シェフェールによって作られた現代音楽のひとつのジャンルで，音響・録音技術を使った電子音楽。具体音楽ともいわれる。

引用文献

森芳久，君塚雅憲，亀川徹（2011）『音響技術史』東京藝術大学出版会
沢口真生，中原雅考，亀川徹（2010）『サラウンド入門』東京藝術大学出版会
http://www.sony.co.jp/SonyInfo/CorporateInfo/History/SonyHistory/1-02.html

11 |「言語」という音

大橋理枝

《目標＆ポイント》 多くの赤ちゃんは，生後2か月前後から「アー」「クー」という音声を発する（クーイング）ようになり，月齢6～7か月頃から「バブバブ」というような発声をする（喃語）ようになる（正高，2003）。喃語には「乳児が成育する環境で使用されている言語の影響が反映」（正高，2003, p.121）されていることが明らかになっている。従って，人間が言語を獲得するにあたっては，言語がどのように聞こえるか，そして聞こえたものをどのように発声するか，という問題の検討が不可欠である。この章では人間はどうやって言語の音を作り出しているのかを理解するとともに，日本語における言語の音の捉え方や，実際に音声言語として日本語を話す際に聞こえる音などについて検討する。
《キーワード》 言語音，母音，子音，音節，モーラ，同化，融合

1. 言語音

(1) 言語音の産出

第1章でも述べたとおり，言葉を話すために用いられる音声のことを言語音と呼ぶ。人間が言語音を生み出すために用いる肺臓，気管，喉頭，咽頭，口腔（こうこう／こうくう），鼻腔（びこう／びくう），口蓋などの一連の器官を音声器官と呼ぶ（図11-1）。

人間が言語音を産出するためには，(1)気流の流れを作ること（始動），(2)声を発生させること（発声），(3)言語の産出に必要な音を作ること（調音），の3つの過程を経る。この過程を服部（2012a）に沿ってまとめる。

言語音を生み出すには，まず肺によって空気の流れを作ることが必要

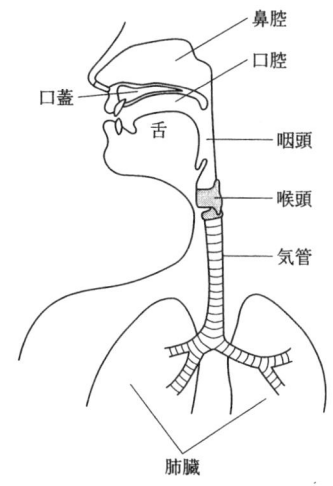

図11-1　音声器官（全体図）
（出典：服部義弘編『音声学』序章　朝倉書店）

である。気流を始動させる仕組み（気流機構）には，肺臓を使うもの，声門を使うもの，軟口蓋を使うものがある。息を吐くときに言語音が作れるのはもちろん，息を吸うときにも言語音を作ることができるが，圧倒的多くの言語音は肺から吐き出される呼気（肺臓流出呼気流）で作られるため，ここでは話をその点に絞って続ける。

　肺から吐き出された息は気管を通って喉頭に達するが，この内側には声帯という左右一対の粘膜のひだがあり，その2枚のひだの間の空間を声門と呼ぶ。肺から吐き出された空気が，声帯を近づけることによって狭められた声門を通過すると，声帯が振動し，その結果生じる音声が「声」となる。この声帯の基本周波数がその人の声の高さを決定するのだが，人はこの高さを変えることで言語的に必要な音の区別（中国語の声調，日本語のアクセントやイントネーションなど）を作り出している。

声帯の間の声門の幅は随意的に調節可能だが，通常の呼吸をしている状態では声帯は開いていて振動せず，肺からの空気が自由に通り抜けられる。このような状態で息によって出される音を無声音という。一方，声門が狭められ，肺からの空気で声帯が振動するような状態が声であり，このような状態で出される音を有声音という[1]。さらに，声帯が完全に閉じた状態で，肺から出た空気が遮断される状態（すなわち息を止めた状態）を声門閉鎖と呼ぶが，この状態から急に声門を開放することで作られる音を声門破裂音と呼ぶ。発声というのは，このように，声門によってそこを通過する気流に対して加工を行うことである。

　肺から吐き出されて喉頭を通過した空気は咽頭に達するが，その先の通路は口腔と鼻腔に分かれている。喉頭から咽頭・口腔・鼻腔を声道と呼ぶが，ここは調音の際に重要な部分となる。調音の第一段階は口音か鼻音かの区別で，呼気が鼻腔に抜けるように調音される場合は鼻音，口腔内を通るように調音されれば口音となる。次に口音の調音に重要なのは，上部にある軟口蓋，硬口蓋，歯茎，上歯，上唇と，下部にある舌であり，これらを調音体または調音器官と呼ぶ。言語音として必須の区別に母音と子音の区別があるが，調音を行うときに口腔が開いた状態になっていて，唇や舌などの調音体によって呼気が妨げられない状態で作られる言語音が母音である。一方，調音体によって呼気の自由を妨げた状態で作られる言語音が子音である。多くの子音は，舌や唇のように随意的に動かせる調音体（能動調音体）を，歯茎・口蓋など動かせない調音体（受動調音体）に作用させることで調音されるが，その際に調音が行われる部分を調音点または調音位置と呼ぶ（図11-2）。さらに，口から息を出す際の唇の形（円唇，平唇，普通唇）によって，最後の調音が行われる。言語音というのは，これらの動作の組み合わせによって産出されるのである（三浦，2012）。

第11章 「言語」という音 | 177

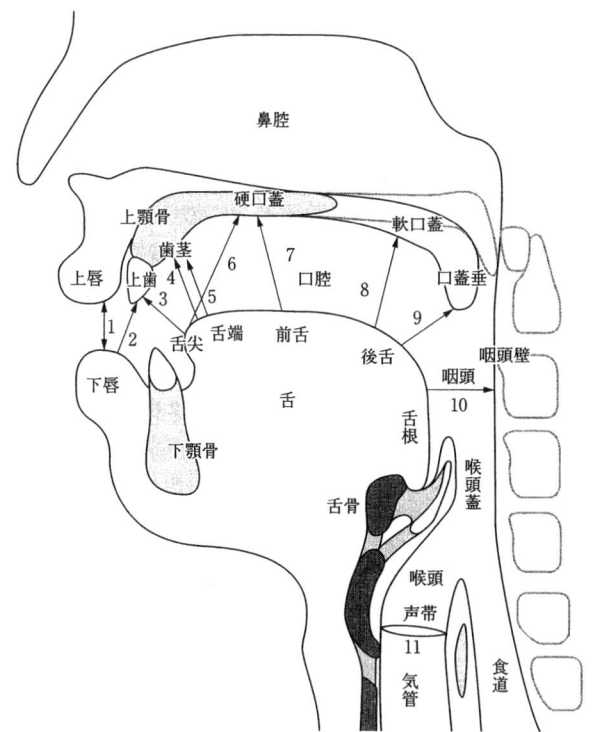

1	両唇音（bilabial）	下唇と上唇	6	そり舌音（retroflex）	舌尖と硬口蓋
2	唇歯音（labiodental）	下唇（の内側）と上歯（の先）	7	硬口蓋音（palatal）	前舌と硬口蓋
3	歯音（dental）	舌尖と上歯（の内側）	8	軟口蓋音（velar）	後舌と軟口蓋
4	歯茎音（alveolar）	舌端（舌尖）と歯茎	9	口蓋垂音（uvular）	後舌と口蓋垂
5	後部歯茎音（postalveolar）	舌端（前舌）と歯茎後部（硬口蓋）	10	咽頭音（pharyngeal）	舌根と咽頭壁
			11	声門音（glottal）	声帯

図11-2　声道：調音器官と調音点

（出典：服部義弘編『音声学』第3章　朝倉書店）

東倉・赤木・阪上・鈴木・中村・山田（1996a）は，人間が言葉を話せる機能を獲得したのは二足歩行を行うようになった結果であると述べている。

> 咽頭が下がり舌骨と喉頭軟骨が分離したことと，咽頭の部分が大きくなったことで，舌が大きく自由に動くようになった。これらの結果，人間は，発話器官である舌，顎，唇の動きの自由度が増し，さまざまな音を発するための声道の形を作れるようになったのである。
> 　一方チンパンジーは，四つ足の動物ほど鼻，口が大きく前方へ出ているわけではないが，人間と比べると，やはり喉頭が高く，咽頭の容積は小さい。このため，舌が人間ほどは自由に動かず，人間が発することができる音韻に対応した声道の形を作れない。
> 　すなわち，いくら人間の脳をもっていたとしても，機能的にチンパンジーは人間と同じようにはしゃべれないのである。
> 　（pp.59-60）

また，東倉・赤木・阪上・鈴木・中村・山田（1996a）は，九官鳥が人間の声を真似ることができる理由として，鳴管からくちばしまでの長さが人間の子供の声道の長さとほぼ同じであることを挙げている。

（2）　母音と子音

母音を調音する際には，通常声帯を振動させるとともに，軟口蓋を持ち上げて鼻腔への空気の流れを遮断した上で，舌面と唇で調音を行う。発音の際に高くなる舌の部分の前後・上下の位置，および唇の形が円唇か非円唇かで分類する（図11-3）。日本語の「イ」という母音は，舌の一番高い部分は舌の前の方の部分で，それが口腔内の前の方にあるので

前舌母音と分類され，さらに上下の位としても高いので高母音と分類される。さらに，唇は非円唇形をしているので，非円唇母音となる。

「イ」「ア」「オ」と続けて発音してみると，舌の一番高いところが前から後ろに移動していくのが感じられるかもしれない。これが前舌母音，中舌母音，後舌母音の差である。一方「イ」「エ」「ア」の順で続けて発音すると，口が段々開いていくのが感じられるだろう。これが高母音，中母音，低母音の差である。さらに，「イ」「エ」「ア」の唇の形と「オ」の唇の形が違うことが感じられれば，前者が非円唇母音，後者が円唇母音である。日本語の母音を母音図にプロットすると，図11-4のようになる。

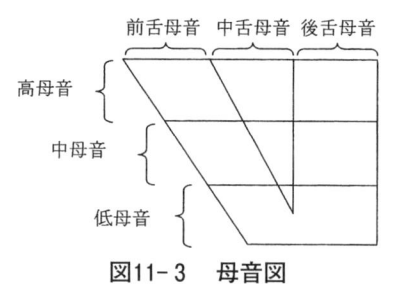

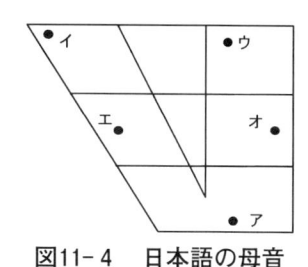

図11-3　母音図　　　　図11-4　日本語の母音
（出典：服部義弘編『音声学』第2章　朝倉書店〈図11-4は筆者改変〉）

この図からも推測できるとおり，日本語で使われている母音の数は，母音の調音点として可能な舌の位置の数より少ない。そのため，日本語より多くの母音の区別のある言語で別の母音であると認識される母音同士が，日本語では区別されずに同じ母音として扱われるということが生じる。よくいわれる英語と日本語の発音の違いについても，母音に関しては図11-5のような関係が見られる。この結果，例えば英単語の hat

/hǽt/ と hut /hʌ́t/ の母音の差を認識できないというような事態が生じるのである。

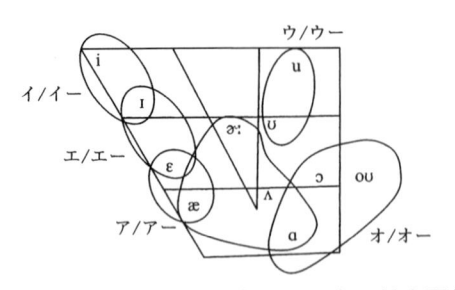

図11-5　一般米語と日本語の母音の対応関係
（出典：菅原真理子編『音韻論』第1章　朝倉書店）

　子音については，有声／無声の区別，調音位置，および調音方法が重要な点となる。有声／無声の区別というのは，声帯を振動させるか否かによって生じる差である。調音位置については，先に挙げた図11-2に見られる数多くの調音点の中のどこの点で調音するかによる違いである。調音方法というのは，能動調音体と受動調音体との間で空気の通り道をどれだけ狭めるかということである。軟口蓋を持ち上げて鼻腔に空気が抜けないようにした状態で発せられるのが閉鎖音，鼻腔に空気が抜ける状態で発せられるのが鼻音（日本語の「ム」の /u/ を除いた音など）である。閉鎖音の中で，いったん遮断された呼気を勢いよく放出することで得られる音を破裂音（日本語の「プ」の /u/ を除いた音など），閉鎖状態で調音を開始し，そこから摩擦に移行する音を破擦音（日本語の「チ」「ツ」の /i/ や /u/ を除いた音）という。また，能動調音体が受動調音体を内側から外側に向けて一度だけ弾くことで発音するものを弾き音（日本語の「ラ」の /a/ を除いた音）という。一方，調音体を近接

させることで行う調音を摩擦音（日本語の「ス」の /u/ を除いた音など）といい，調音体の開きを広く取ることで得られる音を接近音（日本語の「ワ」の /a/ を除いた音など）という。以上3種類の調音法で発生された音が，唇で発音されるか，歯茎に舌をつけた位置で発音されるかなどの調音位置によって，両唇音，歯茎音などの区別がある。これらを組み合わせると，「有声両唇破裂音」（日本語の「ブ」の /u/ を除いた音）や「無声歯茎摩擦音」（日本語の「ス」の /u/ を除いた音など）という分類になる。日本語に現れる子音を図11-6に挙げる。

調音点

		両唇音	唇歯音	歯音	歯茎音	後部歯茎音	硬口蓋音	軟口蓋音	声門音
調音法	破裂音/閉鎖音	p b			t d			k g	
	鼻音	m			n			ŋ	
	はじき音 (flap)				ɾ				
	破擦音					tʃ			
	摩擦音				s z	ʃ ʒ			h
	接近音	w					j	(w)	

図11-6　日本語の子音（網かけ部分は有声音を表す）
（出典：菅原真理子編『音韻論』第1章　朝倉書店）

この表からもわかるとおり，日本語では調音できる可能性のある子音を全部使っているわけではない。従って日本語では使わない子音が他の言語で使われる可能性もおおいにあり，その場合，日本語ではそれらを別の子音と区別しないという状況も生じ得る。その代表的なものが英語の"love"などにでてくる /v/ を日本語では /b/ と知覚する（「ラブ」/rabu/），という例であろう。

2. ことばの音

(1) 語の音

　前節で母音と子音について述べたが、これらを分節音という。ことばは分節音のまとまりとして構成されるが、分節音はいくつかまとまって音節を形成する。「その内部には切れ目がなく、前後に切れ目があると感じられる」(服部, 2012b, p.64) 単位のことであるが、ある母音を核とし、その前後に任意要素として子音が付いたものが1音節の単位となる。例えば「面」/men/のように母音の前後に子音がついたものも1音節となるし、「目」/me/のように母音の前にのみ子音がついたものも1音節となる。子音が任意要素となるのは、「絵」/e/のように母音だけでも1音節を構成し得るからである。

　とはいったものの、「面」については、「め」と「ん」との2つに区切れると感じられるかもしれない。日本語の場合は仮名文字1字分（ミャやキョなどの拗音の場合は小さく書く「ャ」も含めて2字分）の単位が区切れであると感じられることが多い。この単位のことをモーラまたは拍といい、音節とは別のものであると扱う。例えば、短歌などで「五、七、五」という音の数え方をするのは、実際にはモーラ数を数えているということになる。日本語で使われる音をモーラ単位で表すと、図11-7のように表すことができる。

　日本語では通常の「子音＋母音」として発せられる音に加え、「ん」で表記される撥音（「元気」の「ん」など）も、「っ」で表記される促音（「発揮」の「っ」など）も、母音や長音記号で表記される長音（「こおり」の「お」や「ケーキ」の「ー」など）も、二重母音の第二要素（「あいがも」の「い」など母音が続く場合の二番目の母音の部分）も、全て1モーラと数える（川越, 2014）。しかし、同じ1モーラと数える

		パ	バ	ダ	ザ	ガ	ワ	ラ	ヤ	マ	ハ	ナ	タ	サ	カ	ア
直音		pa	ba	da	dza	ga	ɰa	ra	ja	ma	ha	na	ta	sa	ka	a
		pʲi	bʲi		dʒi	gʲi		rʲi		mʲi	çi	ɲi	tʃi	ʃi	kʲi	i
		pɰ	bɰ		dzɯ	gɯ		rɯ	jɯ	mɯ	ɸɯ	nɯ	tsɯ	sɯ	kɯ	ɯ
		pe	be	de	dze	ge		re		me	he	ne	te	se	ke	e
		po	bo	do	dzo	go		ro	jo	mo	ho	no	to	so	ko	o
拗音		pʲa	bʲa		dʒa	gʲa		rʲa		mʲa	ça	ɲa	tʃa	ʃa	kʲa	
		pʲɯ	bʲɯ		dʒɯ	gʲɯ		rʲɯ		mʲɯ	çɯ	ɲɯ	tʃɯ	ʃɯ	kʲɯ	
		pʲo	bʲo		dʒo	gʲo		rʲo		mʲo	ço	ɲo	tʃo	ʃo	kʲo	

半濁音　濁音　　　　　　　　　　　清音

主として外来語音に用いる拍の音声記号表　　　　　特殊音素

gɰa	kɰa		ɸa		tsa				ン/N/(撥音)
グァ	クァ		ファ		ツァ				
gɰi	kɰi	ɰi	ɸi	di	tsi	ti			ッ/Q/(促音)
グィ	クィ	ウィ	フィ	ディ	ツィ	ティ			
				dɯ		tɯ			ー/R/(引き音)
				ドゥ		トゥ			
gɰe	kɰe	ɰe	je	ɸe	çe	tse	tʃe	dʒe	ʃe
グェ	クェ	ウェ	イェ	フェ	ヒェ	ツェ	チェ	ジェ	シェ
gɰo	kɰo	ɰo		ɸo		tso			
グォ	クォ	ウォ		フォ		ツォ			

図11-7　現代日本語のモーラ（拍）の音声記号表（五十音図による）
（出典：松村明・三省堂編修所編『大辞林 第三版』（三省堂 2006年刊）特別ページ「日本語の世界⑤」p.46）

ものでも，撥音や促音は語頭に来ることができないなど，性質に差がある。ここで挙げた，撥音，促音，長音，二重母音の第二要素は特殊モーラと称される。一方，それ以外の「子音＋母音」で構成されているモーラは，それ自体で音節を担うことができるため自立モーラと称される。

一時期は日本語に音節という概念を適用するのは不適切であり，モーラのみで説明できるとされていたが，現在はそうではないことが示されている（川越，2014）。青森のねぶた祭りで有名な「ラッセラー」という掛け声は，促音も1モーラとして扱うという原則に立てば5モーラのはずである。しかしながら，実際の掛け声では「ラッ」と「セ」を同じ長さで発音するので4音節になる。また，童謡の「ずいずいずっころばし」の「ずっころばし」の部分は，モーラ数を数えれば6モーラということになるが，この部分は「ずっ」「ころ」「ば」「し」と分けられて，それぞれが同じ音符の長さで歌われる。「ずっ」と「ば」が同じ音符の長さで歌われるということは，「ずっ」という2モーラで1音節を形成していることの証左となろう。このように考えると，日本語でもモーラだけではなく音節という単位も感じ取られていることがわかる。

音節とモーラとが併存している日本語ではあるが，発語する際には各モーラの長さをほぼ等しく発語するため，「マシンガンのリズムを持つと表現される」（福島，2012，p.95）ような「モーラ拍リズム」を持つ。また，各語の中で強く・高く・長く発音されることで目立つ箇所を卓立というが，日本語はそれぞれのモーラごとに高低で卓立をつけるピッチアクセント言語である。例えば「橋」と「端」は「ハ」と「シ」のどちらのモーラを卓立させるかで意味が変わる。

（2） 音の変化

　私たちは言葉を発音する際に，本来の音とは異なった音で発音することが珍しくない。例えば，音声が連続して発音される過程で，ある音が別の音の影響を受けて，同じ音または類似した音に変化することがある。これを同化というが，日本語における同化の例として代表的なものとして無声化がある。無声化は主にアクセントを持たない母音について見られる現象である[2]。母音は通常であれば声帯の振動を伴うが，前後に無声子音が来た場合や文末には無声化することがある。例えば「房」/fusa/ が /fsa/ に近い形で発音されたり，「です」/desu/ が /des/ のように発音されたりする場合がこれに当たる。

　また，互いに並んだ2つの分節音が影響し合って1つの分節音になることもあり，これを融合という。同化との違いは，同化では音節数は保たれるのに対し，融合では音節数自体が減ることである（服部，2012b）。「行ってしまった」という語句は発音されるときには「行っちゃった」という形で発音されることが多いが，「て」「し」「ま」の3つの音節が「ちゃ」という1つの音に融合され，音節数も3つから1つに減っている。さらに，改まった丁寧な発話では存在する音がくだけた発話などで消失する現象を脱落という（服部，2012b）。「行っていらっしゃい」という語句が「行ってらっしゃい」という形で発音される際には「いらっしゃい」の「い」が脱落している。

3. 音としての言葉

　「言語音は，聴覚器官から聴神経を経て脳の聴覚野に達する。ここで，高さや大きさ，さらに，母音や子音として基本的な特徴が調べられ，音としての認知がおこなわれる。そして，これらの特徴が言語野に送られて，単語や文章として理解される。」(東倉・赤木・阪上・鈴木・中村・山田，1996b，p.316)。すなわち，私たちが他人が話すのを聞いてその内容が理解できるためにはいくつかのハードルを越えなければならない。
　中村 (2007) は「音声言語を習得し，それを有効に使いこなすために必要な知覚処理には，少なくとも(1)超分節的処理，(2)音韻処理，(3)文構造処理が必要である。」(p.256) と述べている。これはある言語で使われている一定の音のまとまりが1つの意味を表現する語であるということを知り，そこで使われている音を他の音と区別し，さらにその語が使われている文全体としての意味を知る必要があるということである。例えば「カ」という音と「キ」という音とを単に別々の音であると認識するのではなく，「カキ」という音の組み合わせで特定の対象を指していることを知り，かつ「キ」と「ギ」の音の違いを認識して「カキ」と「カギ」が別の語であることを認識する必要がある。さらに，「カキがおちた。」というような文として使われた場合にその文の意味(この場合は「カキ」という語が「カキの実」を指しているということや，「おちた」という語が「木から地面に落下した」という意味で使われていること，など) を理解できることが必要である。
　音声言語を聞いたときにこのような情報の処理を可能にするのは，語と語の境目がどこにあるかについての認識であろう。「カキガオチタ」という音の連鎖を「カキ」「ガ」「オチタ」という境目で認識すれば，カキの実が地面に落ちたという理解が可能だが，「カキガオ」「チタ」とい

う境目で認識してしまうと意味が理解できなくなる（カキガオとはどんな顔？！チタというのはどんな動作？！）。第 1 章の「音の一日」で例に出ていた「東海千葉」と「十日市場」の聞き間違いも，語の境目を誤解したために生じたものである。「ふたへにまげてくびにかけるやうなじゅず」を「二重に曲げて首に懸けるやうな数珠」と解釈すべきか「二重に曲げ手首に懸けるやうな数珠」と解釈すべきかは，音声だけでは分からないかもしれない[3]。

　さらに，私たちは言葉を聞き取る際にはかなり予測を働かせている。こちらが店に入った直後なら，日本であれば店員が「いらっしゃい（ませ）」と言ってくることが予想できるので，相手の発話全てが聞き取れなくても，「いらっしゃ」までが聞き取れれば，私たちは次には「い」が来るであろうと予測してその先を聞く。従って「い」がはっきり聞き取れなかったり，他の音でかき消されてしまったりしても，「いらっしゃい（ませ）」と聞こえるのである（東倉・赤木・阪上・鈴木・中村・山田，1996c）。だからこそ，第 1 章の「音の一日」の中であったように，お店のドアのベルと店員の声が重なっても聞き取れるのである。

　また，このことは外国語の聞き取りがなぜ難しいのかの説明にもなる。通常の発話では私たちは個々の語に区切って話すことはないため，聞いているだけでは必ずしも語の境目は明確ではない。そのため，どの音声的なつながりが 1 つのまとまりを形成しているのかをあらかじめ知っていないと，その部分を 1 つの語として区切って聞くことができない。また，語自体を知らなければ，一部がはっきり聞き取れない場合に予測を効かせることができない。一方私たちは母語ではほとんど意識しないでこのような処理を行っている。幼少時から絶えず周囲の人々から音声的な働きかけを受けたことの賜物であろう。

演習問題

・喉に触れたり鏡の前でゆっくり発語したりすることを通して，日本語を発語するときに喉や舌がどのような動きをしているかを実感してみよう。

《本文脚注》

(1) 声門には声帯声門と軟骨声門という2つの部分があり，その両者の開閉状態によって，ささやき・つぶやき・きしみなど様々な発声を作ることができる。
(2) 平山（2012）は「日本語の母音の無声化はアクセントのある音節でも起こる」（p.44）と指摘している。
(3) 日本国語大辞典第二版オフィシャルサイト：日国.NET「小林祥次郎の『日本のことば遊び発掘』第11回「名歌のパロディ　清濁だけを変えた歌」http://www.nikkoku.net/ezine/asobi/asb11_02.html（2015年2月19日参照）

引用文献

川越いつえ（2014）「音節とモーラ」菅原真理子編『音韻論』第2章（pp.30-57）朝倉書店

新谷敬人（2014）「音の体系と分類」菅原真理子編『音韻論』第1章（pp.1-29）朝倉書店

東倉洋一・赤木正人・阪上公博・鈴木陽一・中村健太郎・山田真司（1996a）「動物の声と人間の声はどう違う？」日本音響学会編『音のなんでも小事典：脳が音を聴くしくみから超音波顕微鏡まで』（pp.59-60）講談社

東倉洋一・赤木正人・阪上公博・鈴木陽一・中村健太郎・山田真司（1996b）「声と

ことば」日本音響学会編『音のなんでも小事典：脳が音を聴くしくみから超音波顕微鏡まで』(pp.302-320) 講談社
東倉洋一・赤木正人・阪上公博・鈴木陽一・中村健太郎・山田真司 (1996c)「存在しない音も聞く脳の働き：『幻聴』『空耳』?」日本音響学会編『音のなんでも小事典：脳が音を聴くしくみから超音波顕微鏡まで』(pp.69-71) 講談社
中村公枝 (2007)「乳幼児期の聴覚活用と言語習得」『音声言語医学』48, 254-262
服部義弘 (2012a)「音声学への誘い」服部義弘編『音声学』序章 (pp.1-16) 朝倉書店
服部義弘 (2012b)「音節・音連鎖・連続音声過程」服部義弘編『音声学』第4章 (pp.64-83) 朝倉書店
平山真奈美 (2012)「母音」服部義弘編『音声学』第2章 (pp.27-45) 朝倉書店
福島彰利 (2012)「強勢・アクセント・リズム」服部義弘編『音声学』第5章 (pp.84-103) 朝倉書店
正高信男 (2003)「クーイング」「喃語」小池生夫編集主幹『応用言語学事典』(pp.119-121) 研究社
三浦弘 (2012)「子音」服部義弘編『音声学』第3章 (pp.46-63) 朝倉書店

12 | 伝える音

大橋理枝

《目標&ポイント》 音をことばとして表現する場合，そこにはどのような発想が込められているのか。コミュニケーションの現場では，音声はどのような役割を果たすのか。人工物に音を発生させることで，人はどのようなメッセージを伝えようとしているのか。この章ではこれらの内容の検討を通して，私たちにとって音は何を伝えるものなのかを考えていく。

《キーワード》 擬音語，音象徴，言語の恣意性，非言語音声メッセージ，命じる音，警告する音，知らせる音

1. 音を表現することば

(1) 音の言語表現

　第1章の「音の一日」でも見たとおり，私たちの身の周りには様々な音がある。同じ時空間に居ない人に対してその音について何かを伝えようとするとき，私たちは音をことばで表現しようとする。その際に説明的な表現を使うこともできる（「甲高い声」など）が，音そのものをことばで表現しようとする場合もある（「キンキンした声」など）。このような形で音をことばで表現したものが擬音語である。ここでは田嶋（2006）および皆嶋（2004）の定義に基づき，動物の鳴き声や人の声など「生き物」が発する音を描写した語（擬声語：ニャーニャー，エーンなど）と，自然現象や無生物などがたてる音（ガタガタ，キーンなど）を描写した語を併せて「擬音語」として検討する。「ワンワン」「ザーザー」などは童謡の中にも出てくる語であり，日本語の擬音語として代

表的なものであるといえよう[1]。

　では，擬音語のように音そのものをことばで表現しようとした場合，どのような音をどのようなことばで表現すれば伝わるのだろうか。例えば，「音の一日」に出てくる「雷がゴロゴロ鳴っている」という表現は，「ゴロゴロ」でなくても雷が鳴る様子を伝えることができるのだろうか？このことを考える場合，二つの観点があり得そうである。一つは「ゴロゴロ」ということばが持つ音の響きに着目した見方であり，雷の音を表現するためには「ゴ」「ロ」「ゴ」「ロ」という音の組み合わせが有効である，とする観点である。もう一つは「ゴロゴロ」ということばは日本語の中で雷の音を表現する「記号」として使われているに過ぎないのであり，必ずしも「ゴ」「ロ」「ゴ」「ロ」という音の組み合わせでなくても構わないはずである，とする観点である。

　前者の観点の背後にあるのは，「音と意味の間の『有契性』」（滝浦，1993，p.81），すなわち「音象徴」という考え方である。佐治・今井（2013）は「音象徴」を次のように説明している。

> 音象徴とは，ある言語音と参照対象とが有縁的な関係をもつ現象を指す。例えばネコの鳴き声を日本語話者は典型的には「にゃあ」，英語話者は"mew"と呼ぶが，これは実際のネコの鳴き声を各言語の音韻体系下で模倣したものであると考えられ，言語音の選択は参照対象によって有機的に動機づけられている。(p.152)

浜野（2014）はこのような考え方に基づき，表12-1に挙げるような日本語における言語音と音による表象の結びつきの例を示している。

表12-1　音の象徴性

/p/：張力のある表面で叩くときに生じる音	「パン」＝張っている表面を叩いたり、それが破れたりするときの音
/b/：張った表面が関与する運動で生じる音	「バン」＝ドアを（手の平で）叩くときや風船が割れるときの音
/t/：張力がそれほどない表面を叩くときに生じる音	「トントン」＝ドアを（指先で）ノックするときの音
/d/：張力がそれほどない表面を叩くときに生じる音	「ドンドン」＝ドアを（足で）蹴るときの音
/k/：小さいもの、軽いものが関与する音	「コーン」＝小さな鐘が鳴るときの音
	「カラカラ」＝軽いものが回る音
/g/：大きいもの、重いものが関与する音	「ゴーン」＝大きな鐘が鳴るときの音
	「ガラガラ」＝重いものが回る音
/i/：高い音	「ピー」＝高い音程の音（口笛や呼子など）
/o/：（/i/と比べて）低い音	「ポー」＝低い音程の音（汽笛など）
/u/：前方に突出する音	「プー」＝（広がるのではなく）前方に向けられた音（警笛など）

（浜野，2014，pp.20-43を参考に筆者作成）

　一方、後者の観点からは、私たちは音を表現する場合でもことばを一定の決まりごとに従って使っているのであり、その際に使うことばは、特定の言語体系の中で、どのことばが何を指し示すかということが（原則的には）決まっているものであるはずだ、という点に着目する[2]。この考えに基づけば、擬音語も特定の言語体系の中で用いられる言語記号の一つである、という立場を取ることになる。つまり、擬音語は音を模

した語ではあっても，特定の言語体系の中で共有されているルールに従った形で表現された「音を指し示す記号」であり，その点では他のことばと違いはない。四つ足で歩き，体中に毛が生えており，尾があり，嗅覚と聴覚が優れていて，人間が最も古くから手懐けた動物のことを，日本語の言語体系の中で「イヌ」ということばで指し示すことができるのは，日本語という言語体系の中で「イヌ」ということばがその動物を指し示すのに使われる，という決まりごとが成立しているからであるが，それと同じ仕組みに従って，その動物の鳴き声を「ワンワン」という擬音語で指し示すのである。つまり，「ワンワン」は実際の犬の鳴き声を表現したものではなく，犬の鳴き声の言語的な記号なのである。(実際の犬の鳴き声は「ワンワン」よりはかなり複雑である。筆者自身は犬の鳴きまねをする時は「ワンワン」より「ラフラフ」に近い発音をする。)だからこそ，言語体系が異なれば犬の鳴き声を表現する語も変わる。ウィキペディアの「擬音語」の項には25か国語で犬の鳴き声が載っている[3]が，これこそまさに擬音語は実際の音の模倣というより言語記号であることの証左であるといえよう。

　擬音語も他のことばと同じように特定の言語体系の中の決まりごとに基づいて成立していることが納得できれば，特定の言語体系の中で様々な品詞で活用されることも不思議ではなくなる。「ワンワン」は日本語という言語体系の中では犬の鳴き声を指し示す擬音語（副詞）であると同時に，幼児語としては犬そのものを指す語（名詞）としても使われる。また，電子レンジが作動し終わった音を表す語として使われていた「チン」という語は，今では「チンする」の形で「電子レンジで加熱すること」という意味が広辞苑にも載っている[4]。

　ただし，擬音語もいずれかの言語体系の中に位置付けられるものであるからには，「音象徴」という考え方に基づいて捉えた場合でも必然的

にその言語体系で用いる音が使われることになる。つまり，日本語として使われる擬音語は，日本語という言語体系の中で使われる音を使って，自然界にある音を表現したものにならざるを得ないということである（例えば図11-6で空欄になっている音は日本語の擬音語には出現しない）。その意味では，「音象徴」が実際に実現される形自体はそれぞれの言語体系に縛られる面を持つことになる。先に引用した佐治・今井（2013）でも，「各言語の音韻体系下で模倣したもの」と述べられているし，浜野（2014）に示されているのも日本語の中での話であるということからも，この点は見てとることができる。

（2） 日本語の中での音の表し方

擬音語も特定の言語体系の中で使われる語であるということは，すなわち，その語の言語規則に則ったことばであるということを意味する。そのことから，ある言語の中では同じものを示す擬音語はある程度一定化するということが予想できる。そのような事象の例として，浜野（2014）は2013年5月23日から2日間にわたってグーグルで「〜という音がした」および「〜という音が聞こえた」を検索した結果を次ページのように示している。この表から分かるとおり，/p/ という音を含む擬音語では一番多かったのが「パンという音がした」(108,000件)，続いて「ピーという音がした」(81,500件)，「ピッという音がした」(60,000件)だったとのことである。

表12-2　「音」の形容

	という音がした	という音が聞こえた		という音がした	という音が聞こえた
ピー	81,500	42.5	ぴー	3,270	6
ペー	0	0	ぺー	0	0
パー	0	0	ぱー	165	0
プー	5	2,690	ぽー	0	5
ポー	19,100	5,100	ぷー	1	0
ピッ	60,000	25,900	ぴっ	9	3
ペッ	359	93	ぺっ	7	8
パッ	4	260	ぱっ	2	2
ポッ	3,070	4	ぽっ	2	4
プッ	13,200	3,890	ぷっ	16,600	12,800
ピン	16,200	3,900	ぴん	5	0
ペン	0	7	ぺん	1	1
パン	108,000	44,800	ぱん	14,900	8
ポン	35,200	24,000	ぽん	20,400	13,900
プン	4	0	ぷん	1,490	798

（出典：浜野（2014）p.62）

この結果について，浜野（2014）は次のように結論付けている。

> 予想通り，「ピー，プー，ピッ，プッ，ピン，パン，ポン」が音を報告するのに使われる一方，その他の表現は，ほとんど音としては報告されないか，全く存在しない。(中略) 擬音語であれ擬態語であれ，「ペー，ペッ，ペン」は，使用頻度が一般に低いのである。一方「パッ，ポッ，プン」は，非常に頻度の高いオノマトペである。これが上記のデータに出てこないのは，これらが，擬音語として捉えられていないからだということになる。(p.63)

このことは，音を表現した語がことばとして認識されるためにはある程度日本語のことばとして認識される語の範囲内に収める必要がある（そうしないと音を表現した語として理解されない）ということを示しているように思える。

　このように，ある言語体系の中で使われる擬音語は大方一定の範囲内に収まると考えられるが，作家たちはこれを逆手に取ってあえて独自の擬音を作り出すことで表現の武器としている。例えば，宮沢賢治は『風の又三郎』の中で先生が吹く呼び子の音を表現するために「ビルル」「ビルルル」「ビルルッ」という擬音語を使っているが，「ビルル」はグーグルで検索してもトップ100にはこの例以外に出てこない[5]。また，皆島（2004）は吉本ばななの『キッチン』の中に出てきた乾燥機が回る時の音の擬音語として「ごうんごうん」が使われていることを挙げている（p.104）が，これもグーグル検索のトップ100には他に例がない[6]。滝浦（2000）では草野心平が蛙の鳴き声として戦略的にラ行を含む擬音語を使ったことが示されている。これらの擬音語が効果的なのは，それらが日本語で使われる一般的な擬音語とは違う独自の語であるにもかかわらず何の音を模したものであるかがわかる語であり，且つ日本語の音韻体系から外れていない語だからこそである。このような例は，擬音語が特定の言語の音韻体系に縛られるものであると同時に，音象徴としての側面も持っていることを示しているといえる。

（3）　ことばで表されるべき音

　「音の一日」でも例に挙げたとおり，日本語では強く雨が降っているときの音を「ザーザー」という擬音語で表現するが，英語にこの様子を表す擬音語は存在しないことが知られている。逆に，ロバのいななきを英語では"hee-haw"という擬音語で表現するが，日本語ではロバのい

ななきを表す擬音語はない。特定の言語体系の中で，ある対象を指し示す必要がある場合は，そのものを指し示すことばが作られる（元の言語体系の中に適切な言葉がなければ外国語を取り入れてでもその対象を指し示すことばを得ようとする）わけだが，日本語では馬のいななきを表現する必要はあったために「ヒヒーン」という擬音語があるのに，ロバのいななきを表現する擬音語がないということは，日本語ではロバのいななきを表現する必要に迫られていなかったということである。

　このことは裏を返せば，日本語に擬音語がある音というのは，日本という言語文化の中では表現する必要があるものとして認識されている音であるということになる。その良い例といえるのが虫が発する音を表現する擬音語であろう。日本語では虫が発する音を表す擬音語がかなり多い。文部省唱歌の『虫の声』では，マツムシは「チンチロリン」，スズムシは「リンリン」，キリギリス（コオロギ）は「キリキリ」，クツワムシは「ガチャガチャ」，ウマオイは「スイッチョ」[7]，という具合に，虫が発する音を「ことば」として捉えている。また，セミが発する音についても，「ミンミン」（ミンミンゼミ），「ジージー」（アブラゼミ），「シャアシャア」（クマゼミ），「カナカナ」（ヒグラシ），などの擬音語が使われる。これだけ多彩な擬音語が日本語の語彙として存在するということは，日本語ではこれらの虫が発する音を区別して表現すべきものであると捉えていることを示す。一方，英語では，マツムシ・スズムシ・キリギリス・コオロギなどは chirp（chirr, chirrup），セミは sing, noise, drone, sound（動詞・名詞）などのことばで表現される。これらはいずれも，他の生き物にも使われる言葉である（chirp は虫だけではなく鳥の鳴き声にも使われる）。このことは，それぞれの言語が何を言語化すべきであると捉えているかが擬音語にも反映されていることを示している[8]。

2. コミュニケーションに使う音

　コミュニケーション学の分野では，コミュニケーションの種類を分類する際に，音声を使うものと使わないもの，言語を使うものと使わないもの，という2つの軸を使って分類することがある。この分類方法によれば，音声を使うコミュニケーションの中に，言語を使うものと使わないものがある，ということになる。言語を使う音声コミュニケーションというのは，通常の音声言語を用いたコミュニケーションということになるが，言語を使わない音声コミュニケーション（非言語音声コミュニケーション）というのはどのようなものだろうか。

　非言語音声コミュニケーションには「韻律素性」と「周辺言語」がある（末田・福田，2011）。「韻律素性」は声の高さ，強勢，速さ，リズムなどを指し，周辺言語は声の質（かすれ声，キーキー声など），高さ（頭声，胸声など），音量（大声，小声など），話し方（流れるような，途切れがちの，など）などの声の調子を指す（末田・福田，2011）。リッチモンド・マクロスキー（2003＝2006）は周辺言語を「一連の発話において，単語それ自身を除く，口頭によるすべての手がかりを含むもの」（p.103）と定義している。

　例えば，音声で表現された内容は，言語で表現されたことと矛盾することがある（東京方言では「べつにいいけど。」という語を「べ」を低く強く，「いい」を高く強く発語すると，言葉の意味とは逆の意味が伝わる）。コミュニケーションの分野では，このように言語的意味と音声で伝えられた内容が矛盾する場合は音声で伝えられた内容の方が正しいと解釈される（この場合なら話者は本心ではいいと思っていないと解釈される）。この例からもわかるとおり，私たちは非言語音声コミュニケーションによっても多くの情報を得ているのである。

リッチモンド・マクロスキー（2003＝2006）は，私たちがコミュニケーションの際に使う音声行動の分類として，トレーガーの分類を紹介している。

表12-3　音声行動の分類

音声セット	話しているのが誰であるかということと深い関連があり，話し手の個人的特徴（年齢，性別，熱意，疲労度，悲しみなどの感情，社会的状態，教育水準など）を含み，「話し手の言葉をより正確に解釈する手助けとなる」（p.105）ような情報。
声質	テンポ，リズム・調音・ピッチ・声門・声唇などの制御，ピッチ幅などを含み，話し手がこれらを変えたということは聴き手にとって重要な情報となる（話し手が早口になり声が大きくなった場合は怒り出したという情報になる，など）。
発声	音声特徴子（クスクス笑い・忍び笑いなどの笑い声，号泣・すすり泣き・むせび泣き・めそめそ泣きなどの泣き声，うめき声・うなり声・つぶやき声などの声，あくびやため息など），音声修飾子（強度，ピッチ高，ピッチ幅など），音声分離子（うん・ふむ，などの相槌や，えー，あー，などのフィラーなど）に分けられる。
声紋	指紋などと同様に個々人ごとに異なる声の特徴や性質。
休止・沈黙	いずれも有声のものと無声のものとがあり，休止は文法的な区切れで起こるものも非文法的な中断として起こるものもある。沈黙には，ためらい沈黙（次に何を言うかについての不確実性から生じる会話の中での休止），心理言語学的沈黙（文法的な区切れで報じることの多い沈黙で，思考を言葉に変換する際に生じる沈黙），相互作用的沈黙（対立中の2人の気まずい沈黙や恋人同士が共有する時間の沈黙など，対話している人たちの対人関係を反映した沈黙）などがある。

（リッチモンド・マクロスキー，2003＝2006，pp.105-108より筆者作成）

これらを駆使しながら，私たちはその場の状況に合った「話し方」を作り出している。すなわち，非言語音声メッセージ，つまり話し方というもの自体が，メッセージになっているのである。リッチモンド・マクロ

スキー（2003＝2006）は，次のように指摘している。

> 音声の特徴とその使用（話すアクセントや使う方言なども含めて）は，言語メッセージがどのように受け取られるかに大きな影響を与える。対人コミュニケーションにおける意味の多くは，言語メッセージ自体によってではなく，音声メッセージによって誘発されると主張する研究者がいる。これは常に真実であるわけではないが，ほとんどの場合は正しい。(p.13)

このことは第1章の「音の一日」で出てきた友人がなぜテンションが高いように感じられたのかの説明にもなる。友人が電話の向こうで比較的高い声で早口でまくしたてた様子が容易に想像できるであろう。

末田・福田（2011）は，非言語音声メッセージの機能として次の4点を挙げている。

1．話し手が伝えようとするメッセージの意味理解を促す
  （文の中でどの語に強勢を置くかで全体の意味が変わる，文末を上げることで疑問文であることが分かる，など）
2．話者のそのときの感情を表出する
  （喜び：早いテンポ，大きな声幅，高い声／悲しみ：遅いテンポ，低い声／怒り：速いテンポ，高い声，平板，など）
3．コミュニケーションを調節する
  （相手に話す順番を譲る時には声が低くなる，話し続けてほしい時にはゆっくり相槌を打つ，自分が話したい時は相槌を早く言う，など）
4．相手の顔が見えない場合でも，話者の年齢や性別などの属性を示す
  （一般的に女性は男性より声が高い，幼児から中年までは声の高さが

低下するが高齢になるとまた高くなる，など）

　非言語音声メッセージの中には，声質や発声のように自分である程度コントロールできるものもあるが，声紋や音声セットのように自分ではコントロールできないものもある．それでも，自分でコントロールできないものも含めてメッセージとして受け取られてしまうことには留意しておきたい．

3. メッセージとしての音

　これまで人間自身が発声させる音について見てきたが，人間が作ったものの中で音を発する機能を持つものは多い．先に例に挙げた電子レンジなどは，調理が終了したときに何らかの音を発するように意図的にプログラムされた人工物である．このように，人工物の中で音が使われているものについて，その音が聴き手に何を伝えようとしているのかを考えてみたい．

（1）　命じる音，警告する音，知らせる音
　私たちの知っている音の中には，聞き手に何かの行動を命じる音がある．軍隊で使われていたラッパはその最たるもので，そこで奏でられた音に従って，起床・食事・整列・就寝など様々な行動を行わなければならなかった．空襲警報のサイレンもすぐに防空壕に入るという行動を要求する音であった．これらの例はさすがに古いとしても，現代の日常生活の中でも聞き手が意味を理解した上で即座に行動しなければいけない音もある．アメリカで鳴らされる竜巻警報のサイレンもすぐに身の安全を確保することを命じる音である．

これらの音に共通する点は，その音が何を意味するかを知らなければ音が命じる内容を実行できないという点である。軍隊の隊員はそれぞれのラッパが何を意味するかを知らなければ適切に行動できなかったはずだし，空襲警報も竜巻警報も，「何か緊急事態が起こっている」ということを知るだけでは不十分であり，あらかじめそれぞれの音の意味を知っていて，聞いた途端に適切に行動できることが必要なのである。この点において，「命じる音」は記号として音を使っているといえる。

　一方，意味が正確にはわからなくても，即座に行動を要求する音もある。一例が第1章の「音の一日」でも言及されていた救急車をはじめとする緊急車両のサイレンであろう。これは緊急事態が発生していることを知らせるという目的もあるが，単に緊急車両が通ることを知らせるためだけの音だとは言い切れず，周りの車に道を開けることを要請する音だといえる。道を開けてもらうという目的を達成するという点から考えれば，緊急車両が発する音は「緊急車両のサイレン」であることのみが理解されればよく，車両の種類は理解されなくても目的は達せられる。つまり，緊急車両のサイレンが車両ごとに必ずしも区別が明確でなくても，別に構わないということになる（ただし，緊急事態を知らせるという目的や道を開けてもらうという目的を達するためには，それなりの性質の音が必要であろう）。また，社会の中で「サイレンは緊急事態を表す」という共通理解がなければならない。

　一方，人工物が発する音の中には，聞き手に即座の行動を要求するところまではいかないまでも，注意を促す目的のものもある。電車のホームで階段の位置を知らせる音は，視覚障がい者にとっては，そこに階段があることの警告音となる一方，視覚障がい者でない人たちにとっては単に階段の存在を知らせる音でしかないだろう（踏み外さないように気を付けることはあるだろうが）。

他方，純粋に何かを知らせるために発せられていると思われる音もある。消防車が火災現場から消防署に戻る際に鐘を鳴らして戻って来ることがあるが，これは鎮火信号であり，消火が終了したことを知らせるための鐘である。住民はこの音を聞いたからといって何か行動を求められるわけではない。これは知らせるための音であるといえる。また，新幹線などの車内放送で，ことばで放送が入る前に短い音楽が流れることがあるが，これも車内放送が入ることを「知らせる音」として機能している。スポーツ選手が入場する際の「テーマ音楽」も，メッセージとしてはその選手が入場することを「知らせる音」として同様の機能を果たしている（心情的には選手のテンションを上げるなどの他の機能も同時に果たしているに違いないが，それはまた別の話である）。

　以前は豆腐屋が独特の節回しでチャルメラを吹いて住宅地を回っていた。第1章の「音の一日」にも出てきたように，現代でもゴミ収集車や灯油販売車などが特定のメロディを鳴らしながら来ることがある。これも，その音が届く範囲の住民に，その車が来たことを知らせるという目的のための音であって，聞き手がそこで行動を起こすかどうかは自由である（必要なら目的を果たすために外に出るだろうし，必要なければ聞き流すだけである）。

　一部の歩行者用信号機に付設されている視覚障がい者用の音（とおりゃんせ，故郷の空，ピッポやピヨという音など）も，信号が青になったことを知らせるための音である。視覚障がい者にとっては横断歩道を渡るための手掛かりになる音ではあるが，信号を渡ることを要求する音ではないため，「知らせる音」に入ると思われる。

（2） 知らせる音への移行

　緊急車両のサイレンの多義性—単に緊急事態の発生を知らせるための音なのか，他の車に道を開けるという行動を要求する音なのか—は，誰に向けられた音なのか（別の言い方をすれば，受け取り手が誰なのか）が特定されないところに原因を見い出すこともできる。当該の緊急車両が走って行く道沿いに住む人にとっては単に緊急事態の発生を「知らせる音」でしかないが，同じ道を走っている車の運転手にとっては道を開けるという行動を要求する「命じる音」となる。この多義性は他の多くの音についてもいえる。ダムの放水を知らせるサイレンは，それが聞こえる人に即座の行動を要求するものでは必ずしもないだろう。じきに水位の上昇が見込まれるので気を付けろ，という警告音としてのサイレンであり，どちらかというと緊急事態が発生していることを「知らせる音」に近いといえる。一方，川の中で遊んでいる人には，すぐに上がるという行動を要求するサイレンでもあるので，「命じる音」となる。

　電話の呼び出し音は，命じる音なのか知らせる音なのかが区別できなくなってきた音の例として挙げられよう。庶民の間に電話が普及してきた頃には，電話の呼び出し音は受け手がどのような状況にいようと，電話に出ることを要求するものであると理解されていた。だからこそ，画家のドガが初めて電話に接した時に，「ベルが鳴り，そしてあなたは行ってしまう。それがつまり電話なのですね。」と言ったというエピソード（若林，1992，p.23）にうなずけるのである。また，電話の呼び出し音は，当初は相手が誰であるかがわからないまま出る＝応じることを要求するものであった。ところが最近は通話者ごとに呼び出し音を変えられるようになってきたために，相手が誰であるかがわからないまま応じなければならないことが激減した。その上，誰がかけているかを出る前に知ることで「出ない」という選択肢を選ぶことが可能になった。

その点から考えると，電話の呼び出し音は「命じる音」から「知らせる音」へと変化したといえるかもしれない。同様のことが玄関のチャイムについてもいえる。以前は誰がそこに来たのかがわからないまま応答することを命じる音であったものが，今は画像つきのチャイムがあれば，誰が来たのかを出る前に知ることができ，居留守を使うことができるようになった。これも，来た人に対応することを「命じる音」から，人が来たことを「知らせる音」に変化した例となろう。

　音を変えることによって，「警告する音」から「知らせる音」に変化したと思われるのが，電車の発車メロディの音である。以前は「発車ベル」だったものを「発車メロディ」に変えることにより，乗客に行動を要求する音（「もうじき発車するから急いで乗車せよ」）や警告する音（「もうじき発車するから巻き込まれないように気を付けろ」）としての性格は薄れ，電車の発車を「知らせる音」としての性格が強まったように感じる。このことは未だに「発車ベル」を使っている駅（山手線では2015年2月現在新大久保と上野が発車ベルを使っている）と聞き比べてみると気付きやすい。発車ベルの方が発車メロディより緊迫感があるのではないだろうか（逆に，この緊迫感を和らげようとしたのが「発車メロディ」のそもそもの目的かもしれない）。このことは音の質がメッセージの内容に影響を与えることを示唆している。もしかしたら世の中全体の流れとして，「命じる音」や「警告する音」より「知らせる音」の使用が増えてきたのかもしれない。

> 演習問題

・「命じる音」「警告する音」「知らせる音」について，独自の具体例をそれぞれ挙げてみよう。

《本文脚注》

(1) 「ワンワン」は〈犬のおまわりさん〉，「ザーザー」は〈棒が一本あったとさ〉に出てくる。

(2) ある対象と，それを指し示す語の関係は必然的に決まっているのではなく，言語体系の中で決まりごととして習慣的に定まっているに過ぎない。このことを言語の恣意性というが，これは言語にとって本質的な点の一つである。

(3) http://ja.wikipedia.org/wiki/%E6%93%AC%E5%A3%B0%E8%AA%9E（2015年2月15日参照）

(4) 広辞苑第6版電子版（2008年）「ちん」

(5) 「ビルル」で2015年2月14日に検索。

(6) 「ごうんごうん」で2015年2月14日に検索。

(7) 広辞苑では「すいっちょ」がウマオイの俗称として載っており，秋の季語としても使われるとされている。

(8) 虫が発する音を「虫の声」として聞き取る日本人の脳の働きは欧米人と異なっている，という説が提唱されたことがあったが，ここではその説には立ち入らない。ある言語体系の中に特定の語彙が存在するということはその言語でその対象を認識すべきものであると捉えている，ということは，上記の説の賛否にかかわらずいえることである。

引用文献

佐治伸郎・今井むつみ（2013）「語意習得における類像性の効果の検討：親の発話と子どもの理解の観点から」篠原和子・宇野良子編『オノマトペ研究の射程：近づく音と意味』第9章（pp.151-166）ひつじ書房

末田清子・福田浩子（2011）『コミュニケーション学：その展望と視点』（増補版）松柏社

滝浦真人（1993）「オノマトペ論：ことばにとっての"自然"をめぐる考察」『共立女子短期大学文科紀要（共立女子短期大学文科）』36，81-92

滝浦真人（2000）『お喋りなことば コミュニケーションが伝えるもの』小学館

田嶋香織（2006）「オノマトペ（擬音語擬態語）について」『関西外国語大学留学生別科 日本語教育論集』16，193-205

浜野祥子（2014）『日本語のオノマトペ：音象徴と構造』くろしお出版

皆島博（2004）「日英語のオノマトペ」『福井大学教育地域科学部紀要Ⅰ（人文科学 外国語・外国文学編）』60，95-115

リッチモンド，ヴァージニア・マクロスキー，ジェームス（2003＝2006）『非言語行動の心理学：対人関係とコミュニケーションの理解のために』（山下耕二編・訳）北大路書房

若林幹夫（1992）「電話のある社会：メディアのもたらすもの」吉見俊哉・若林幹夫・水越伸『メディアとしての電話』第1章（pp.23-58）弘文堂

13 | 社会の音

坂井素思

《目標&ポイント》 この章では，音というものを社会的側面から捉えてみたい。チャイム音やゴング音（寺の鐘）やベル音（教会の鐘）についての人間の歴史をたどると，音の送り手と受け手との間で「呼応関係」を発達させてきたのを見ることができる。とりわけ注目できるのが，「共同体の音」である。寺や教会の鐘，港町の霧笛，消防・救急車のサイレン，花火大会の音，祭りの音，時報の鐘などである。これらの音は，共同体の人びとに対して共通に提供され，そして受け入れられてきた。これらの音がうまく働けば，共同体共通の共同資源として，人びとの公共に役立つものとなる。事例として，共同体の「鐘の音」や，江戸時代の「時の鐘」を取り上げて，いかにして人びとが音の社会的関係を発達させてきたかについて見ていく。
《キーワード》 鐘の音，共同体の音，呼応関係，共振，同空間性，時の鐘，共同資源

1.「共同体の音」という現象

　私たちの身の周りには，地域の共同体全体に伝わるような，そして時には共同体を包み込むように聞こえてくる音が存在し，その音に反応して人びとは活動を起こす。例えば，港でもやのかかったときに聞こえる「霧笛の音」，朝や晩に響いてくる「寺の梵鐘」や「教会の鐘」，定時を知らせる「工場のベル」，救急車や消防車が通り過ぎるときの「サイレンの音」などがある。これらは，地域全体に響く音であり，地域の共同体や宗教上の教区がむしろこれらの音で区画されているとさえ認識される現象も存在する。これらの音は人びとの間で，それが無意識的で

あったり意識的であったり様々な反応を示すが，これらの音によって呼応した社会の人間関係が浮き彫りにされるのである（ナティエ，1987）。

今日では，近代化が進んで，機械音や工場音や交通音，とりわけエンジン音や航空機音に邪魔されて，静かな環境で「共同体の音」を共通に聞くことができなくなってきている。そして，共同体へのレスポンスも弱くなってきている。あるいは，「共同体の音」それ自体も，騒音として規制されてきている地域も存在してきており，「共同体の音」の弱体化は避けられない状況が生じてきている。けれども，それにもかかわらず，明らかに同じ地域，同じ時間に，同じ音を共通に持ち合うという現象は，現代にあっても，「鐘の音」が奏でる「除夜の鐘」に代表されるように，意識的・無意識的に存在している。

例えば，著書『中世の音・近世の音』の中で笹本正治は，中世の村の中で「鐘の音」が届く範囲を示す言葉として，「鐘下（かねした）」に注目している。「何かある際には，鐘が連絡用に用いられた。村の寺自体が村人の紐帯（ちゅうたい）としての役割を持ったが，こうして寺の鐘が連絡用の道具としての役割を負ったことにより，この鐘の聞こえる範囲が，そのまま共同体として大きくまとまった。そうした言葉が『鐘下（かねした）』である」と記し，事例を収集している（笹本，1990）。

ここで問題となるのが，なぜ個人として受け取った音が「共同体の音」として集団で感知されるのか，なぜ人びとが共通の意味のある音として，認識するのかという，音に対する集団的感性の問題である。例えば，毎日同時刻に聞こえてくる「寺の鐘」で，時間感覚を保っている集落は数多く存在するだろう。もっとも，それが今日では，ラジオやテレビの時報，さらにインターネットのデジタル時計に移り変わってきているという違いがあり，また影響を及ぼす範囲の違いは存在するが，個人は同時間に同空間に存在する人びととの間で，「時の音」を共有する共

通の感覚を持っている。

　通常の社会における集団活動であれば，人びとが一緒に行う行動には，社会的目的が存在し，その意味に合わせて，合理的な理由が存在することで全員一致した集団行動を行うことになるのだが，近代化の過程で時刻を知らせる「時の鐘」のように，社会の法律・規則や組織のルールとして音が社会の表面に出てくることはあっても，音そのものには本来このような合理的な理由は存在しない。むしろ，合理的な理由ではなく，感性として受け止める特有の集団的な共通感覚がその基礎に存在するから，そのような音の作り出す人間関係が可能になると考えられる。これらの集団における感性的理由について，西洋の教会などの鐘（ベル）と日本の寺などにある梵鐘（ゴング）などが重要な役割を演じてきた歴史が存在する。

2.「共同体の音」としての「鐘の音」

　日本における「鐘の音」の歴史は，現存する梵鐘に限れば，西暦698年の飛鳥時代に制作された鐘に始まる。現在京都の妙心寺に伝わる，この最古の鐘については，徒然草（第220段）に記述が残っている。それ以前にも，古墳時代の銅鐸や大陸からの銅鐘は存在するが意匠は異なる。歴史上重要な点は，「鐘の音」というものが，時計やメディアが発達する以前に，「鐘下」の例に見られるように，共同体全体に響き渡る「音」としての感性支配力を持っていたと考えられる点である。

　この点は，西洋の教会における「鐘の音」でも同様である。共同体すべての人にとって，共通の感性を提供するものの典型例として，この「鐘の音」が存在していたとする証拠を，フランスの歴史社会学者コルバンは挙げている。「フランスに現在残っている鐘楼をみても，かつて

はときに12ないし18個の鐘から構成されていた一組の鐘がどんなものであったのか，理解することはできない。全部の鐘が響きわたって大気が震えると・・・人びとは他のことにはまったく注意を向けられないくらいの一種の眩暈を覚えたものである。このような衝撃を与えるのは，時間的な隔たりと，感覚の支配力の衰えをきわめて強く知覚したことから感じる態度である」（p. 27）ということを引用している。個人的な感性を揺るがせて，集団による感覚支配力を眩暈（めまい）のように受け取っていたという証言である（コルバン，1994）。

　また，サウンドスケープ論のM. シェーファーは，「音響共同体」というものが存在していたとして，次のような指摘を著書『世界の調律』で行っている。「（キリスト教の）教区もまた，かつては聴覚的なもので，教会の鐘の音が届く範囲によって定義されていた。教会の鐘が聞こえなくなれば，教区から出たことになる。今でもロンドンっ子（コクニー）といえば，東区でも特にボウ・ベル（セント・マリー・ル・ボウ教会の鐘）が聞こえる範囲に生まれ，そこで一生を暮らす者を指す」（p. 433）という，典型的で有名な例を指摘している（シェーファー，2006）。もちろん，これらは「鐘の音」に関する，いわば紋切り型の感性の反応であって，これらに単純化されるわけではないことに，コルバンは注意を喚起しているが，「鐘の音」が人びとの感性に，共通にかつ直接的に，影響を与えていることを否定できない現実の歴史が存在する。

3．集団に対する音の感性支配力

　ここで問題となるのが，上述したように，なぜ個人として受け取った音が，「共同体の音」として感知されるのか，なぜ個人一人ひとりの感覚は個別の認識をするにもかかわらず，「鐘の音」については人びとが

共通の意味のある音として認識するのかという，音に対する集団的感性の問題である。

なぜ集団が「鐘の音」を同じ音として受け取るのかという，一つの理由は，「送り手」からの物理的な特性が同じであるということがある。後で詳細に見ていくように，「鐘の音」は毎回撞かれるたびに，一定の振動数・周波数（ヘルツ）群で一定の音圧・音量（デシベル）群で押し出されるから，受け手は同じような物理的特性に対して，耳から脳に至る生理的な反応を示していることになる。けれども，問題なのは，同じ物理特性があったとしても，同じ感覚を持つかどうかはわからないという点である。その「鐘の音」が柔らかい音なのか硬い音なのか，温かい音なのか冷たい音なのかなど，個人によって異なり，集団として同じに感じるとは必ずしもいえない場合もある。小説家ディケンズの『鐘の音』では，主人公の意識が変化すれば，同じ「鐘の音」も異なって聞こえることが描かれている。

しかし，それにもかかわらず，この物理的振動が集団の人びとに共通音として認識される場合もある。『平安京：音の宇宙』を著した中川真は，儀礼における「人と神とのコミュニケーション」に注目して，打楽器の振動波が人びとの身体に「共振作用（resonance）」を及ぼすとする，ニーダム説を紹介している。打楽器の物理的な衝撃波の繰り返しが，人びとに憑依，つまりトランス効果を生じさせると考えられるとした。けれども，この考え方に従えば，楽器奏者のドラマーはいつでもトランス状態に陥ることになるが，必ずしもそういうわけではない。中川がいうように，「打楽器による興奮作用は，生理的に完全にオートマチックなものではなく，学習によって得られる文化の一部と捉えたほうが，その意味について深い理解がもたらされるであろう」という指摘が妥当性を持っている。

つまり，共通音として聞こえるもう一つの理由は，「受け手」の問題である。ここで，「鐘の音」についての受け手の学習というプロセスが存在する。集団としての同じ音であると考えることができる社会的関係がフィードバックされ，後天的に学習されないと，「鐘の音」の意味が同一であるとする認識が成立しないだろう。ここには，音が発せられた後に，受け手の側のプロセスが介在することが推測される。ここで，集団の何人かの人びとが一つの音を共通認識する過程の典型例を見てみたい。

　1993年に封切られた米国映画「逃亡者」の中で，俳優のハリソン・フォード演じる逃亡者キンブル医師が逃亡の末，映画の終わりの頃になって，弁護士へ電話をかける。トミー・リー・ジョーンズ演ずるジェラード捜査官が率いる捜査本部で，この電話の音が分析にかけられる。つまり，電話が録音されていて，捜査グループによって聴き分けられていく。最初に，ほぼ捜査グループ全員が，電話の声の背景に，高架鉄道の音が録音されていることに気付く。次に，ジェラード捜査官がその繊細な耳で，教会の鐘の音を聴き分ける。そして何回も録音テープを巻き戻して聴く中で，捜査官同士の会話の中から，全員によってこれらの複数の音が確かめられていく。つまり，高架鉄道があってその近くに教会があるのは，シカゴ市しかない，という結論を導くことになる。捜査員たちの認識をすり合わせて，次第に「教会の鐘」を解析し，場所を特定することに成功するのだった。この話は，映画上のフィクションでしかないのは確かだが，一つの音が人びとの認識のすり合わせによって得られるという，相互作用プロセスを経て，特定の音として，共通に認識されることになることを示している。

4.「鐘の音」にはどのような特性があるのだろうか

　「鐘の音」の魅力は，一瞬にして，遠くの人びとと近くの人びととともに音を届けることができるという点にある。人びとの聴覚という感性へ共通のシンボル信号として，直接届けられることで，集団共通の認識が得られる。このような「鐘の音」に，3つの特性があると考えらえる。1つには，多数の人びとに対して，同時に音を届けることができるという，人びとの間での音の「同時間性」があり，2つには，多数の人びとに対して，つまり遠くの人びとへも近くの人びとへも，ある一定の範囲の人びとを包み込むような音の影響力を行使するという，人びとの間の「同空間性」があり，さらに3つには，音が人びとの間に介在して，全員に対してなんらかの影響を与えることになる，「介在性」という性質がある。

　第1に，「鐘の音」には，人びとの間の「同時間性」という特徴が顕

図13-1　「晩鐘」ミレー

著に見られる。音が集団を支配する力を持っているのは，瞬時にして，一つの意味を届けることができるからである。図13-1の絵画は，ミレー作の「晩鐘」であるが，この絵の右手奥の教会から「鐘の音」が聞こえてきて，はるか離れた教会と，この農民が祈っている畑とが，同時間的な祈りを可能にしていることが理解できる。

また，上述のコルバンは，「鐘の音」がフランス農村のアイデンティティを形成するとする伝統的な考え方を紹介している。これによると，「鐘の音によって限定される地域は，美をめぐる古典的なコードや揺りかご，鳥の巣，窪み（いずれも古典的な田園風景の要素）といった図式に対応している。この地域は，中心部から出る音によって規定される閉じられた空間にすぎない。実際，この視点に立てば，鐘楼がその音域の中心に位置していることが重要になってくる。・・・(中略)・・・すくなくとも田舎において，19世紀の鐘は，聴覚が断片化された断続的な物音しか知覚しえないような空間を定めていた。そのような物音のどれひとつとして，鐘楼の音の支配に対抗することなどできはしない（p.132)」とする（コルバン，1994）。人びとの感性へ有無もいわせずに，ダイレクトに音として伝えることができるのだ。この支配力は，圧倒的であって，理性で話し合いによって成し遂げるような支配とは異質の支配に成功している。

5.「鐘の音」の同空間性と聴覚空間

第2に，「鐘の音」が共同体の音として支配力を持つようになったのは，同じ空間内において，人びとの聴覚へ訴える力を持っていたからである。人びとの間における「鐘の音」示す「同空間性」が重要である。ここで注目しておきたいのは，音波の持つ規則的な到達力は威力を持っ

ているという点である。上述の歴史社会学者コルバンは次のように指摘している。「鐘は音の規則性によって，定期的に『周囲の空間に聖性をあらためて付与すること』に貢献している。住民の信仰がどのようなものであれ，教会は村のなかにおいて，たいていの場合尊重されるミクロ空間を規定する。まさにこの保護された沈黙の中心から鐘の音波が発するのであり，それが，他のあらゆる喧噪から守られた『神聖さ』の影響をおよぼすのである（p. 134)」とする（コルバン，1994）。このように，鐘の音を定期的に響かせることの効果によって，その音の到達する空間が，神聖な空間として，人びとの感性の中に認識されることになると考えられている。個人の感性はそれぞれ異なっても，「神聖さ」という共通の意味をその音が聞こえる範囲の人びとは共有することになるのである。聖的な共通空間が，そこに形成されると見ることができる。

したがって，この「鐘の音」は，どこからでも聞こえるという機能を有している必要があった。コルバンは上記の宗教的な空間的意味に加えて，物理的な空間に関わるものとして，「鐘の音」を考えている。「鐘は，割り当てられた管轄区域の境界線の中では，どこからでも聞こえるようでなければならない。すでに指摘したように，それは鐘の音量を小教区や町村の面積に，そして地形上の性質に合わせるということを意味する。『鐘は山岳よりも平地のほうが遠くまで聞こえるし，谷間の鐘は平地の鐘よりもさらに遠くまで聞こえることが指摘された』とレミ・カレは1757年に記している。起伏の多い地形では，音量の大きな鐘が必要であり，同時に鐘による通知を早く行う必要がある。1837年の規則によると，ピレネー地方の谷間においては，ミサの鐘はその儀式が始まるよりも1時間前に鳴らしてよいとされた。1885年の規則によると，オート＝サヴォワ県ではこの1時間という猶予でも不十分とされた」と指摘している（コルバン，1994）。「鐘の音」が人びとへ共通に届くに至るには，つ

まりは，同空間性を保つには，それなりの「鐘の音」における工夫が凝らされているのである。

　例えば，日本の鐘撞は，3つの部分に分かれていて，人びとに対する圧倒的な伝達力を有していることがわかる。第1に，ゴンという，撞木が鐘を撞いた直後の打音，つまり「アタリ」の部分がある。第2に，これに続き，ゴオーと聞こえる，数秒くらいの音が，多彩に構成される複合音で，これが「オシ」である。このオシの部分が重要で，遠くまで届くので遠音とも呼ばれる。そして，第3に「オクリ」部分で，オオーンという，長く減衰しながら数十秒続く音で，ほぼ単一の振動数音からなる，「余韻」を形作る重要な部分がある。結城浩徳は，永観堂の梵鐘データを公開して，周波数が135ヘルツを基調音としているが，さらに8本の主たる周波数を観察している。これによれば，アタリの後，5秒くらいまでオシが生じ，その後オクリに受け継がれていく様子がわかる。

　このように鐘撞された「鐘の音」は，聴覚空間を圧倒的に支配できるという，音特性を持っていることがわかる。聴覚空間（oral space）とは，縦軸に音の大きさ（音圧）を取り，横軸に音の振動数（周波数）を取ったものである。ここでどのくらいの範囲で支配力を持つのかによって，感覚へ与える影響が異なってくる。人間は，音圧について20デシベルから130デシベルの大きさの音を聞くことができ，周波数について20ヘルツから20キロヘルツの音を感受することができる。そして，「鐘の音」の支配力は，図13-2に表れているように，人間の聴取可能領域の多くをカバーしているという性質を持っている。このことをわかりやすく言い換えるならば，「鐘の音」は100デシベルの大きな音で，遠くの人にも近くの人にも迫ることができるし，20ヘルツから900ヘルツにわたる多彩な音色を持つことによって，低い音に聴く耳を持った人にも，また高い音に聴く耳を持った人に対しても，共同体の幅広い聴覚の持ち主

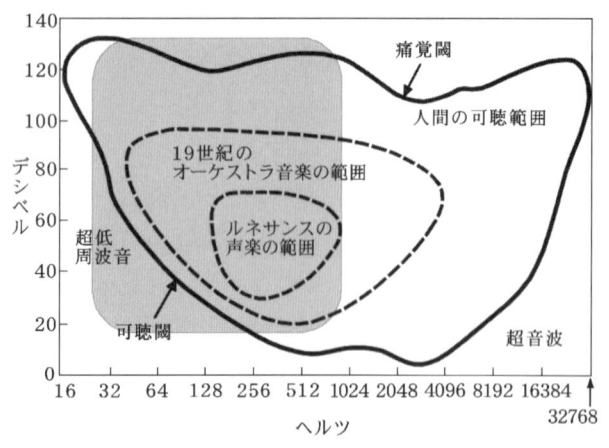

図13-2 「鐘の音」の聴覚空間
注：網かけ部分が「鐘の音」の感性支配できる領域
(原図：By the courtesy of Arcana Editions／出典：R. マリー・シェーファー『世界の調律　サウンドスケープとはなにか』平凡社ライブラリー)

に対して万遍なく，等しく迫ることができる。この結果から考えるに，「鐘の音」は大きな音だから，多くの人びとに伝わるだけでなく，多彩で多様な音色を持つから，また多くの人びとの耳に多様に対応することができるから，利用されるのである。圧倒的な感性支配力の中身が，極めて高い次元にあると認識できるだろう。

6.「鐘の音」の介在性とシンボル性

　第3に，「鐘の音」の特徴として，人びとの間で見られる音の「介在性」という点を見ることができる。「鐘の音」が人びとの間に介在して，記号やコミュニケーションの手段として，現れてくる場合が存在する。時には，これらの音は合図のための記号やコミュニケーションの手段と

第13章　社会の音　219

図13-3　「ドゥエーの鐘楼」コロー

して現れるが，さらにそのためだけでなく，もっと伝達者や被伝達者の心の奥にまで入りこむような，象徴的な意味を持つ場合がある。図13-3の絵画は，コロー作の「ドゥエーの鐘楼」だが，この鐘はこの街全体の象徴として，最も高い塔に納められており，大きな音の「鐘の音」を出すことが許されていて，街すべての人びとの心を支配している様子を描き出している。

　また，コルバンは，次のような鐘の象徴性の例を提示している。「鐘は誇りの対象である。共同体同士の階層列序の他の極においては，例えばマントリュの住民は，自分たちの住む部落が町の一部分にすぎないのに立派な鐘を所有しているということを，たいへん名誉だと感じていた。1858年，寄付金によって購入された1500キロの鐘は，シジーの小教区の信者たちの自慢であった。その地方の住民たちは，シジーの鐘の響きの

大きさと美しさに感嘆して，その鐘に「谷間の美女」というあだ名をつけたほどである。(「美女」となるのは，鐘 cloche というフランス語が女性名詞だから)」ということである（コルバン，1994）。19世紀のフランスの町にとって，鐘は地方自治体が持つべき必須の施設であった。役所の近くには，共同体の必須施設の機能として，裁判所や登記所，軍隊や市場と並んで，教会，とりわけ鐘が1組必要であると考えられていた。

このことは，「鐘の音」が「共同体の音」としてシンボル性を持っているということである。「鐘の音」が単に物理的な音以上に，あるいは集団の中において，記号や信号以上の意味を持っていることを見るには，音の持つシンボルという意味を理解することが重要である。ここで「シンボル」とは，音が何かを指示する記号や信号以上の，それからはみ出す豊かなものを含む場合に現れる現象である。集団に対して，「鐘の音」やサイレンなどの音が利用されるのは，まさにこのような記号から溢れ出る，受け手の感性に対して，合理的な記号としての意味以上の感性上の情動や感情そのものや，さらには感性的思考を伝えることができるからである。

心理学者のユングの『人間と象徴』は，「言葉やイメージは，それが明白で直接的な意味以上の何ものかを包含しているときに，象徴的なのである。それは，より広い『無意識』の側面を有しており，その側面はけっして正確に定義づけたり完全に説明したりされないものである」と，シンボルについて述べており，これに対応して，如何にしてこのシンボルが集団の中に侵入するのかについて，以下のとおり，2つの可能性があると考えらえている。

個人の意識・無意識に働きかけて，その上でさらに，最終的な集団内部に音が侵入する仕組みについては，この象徴作用は有効である。音の象徴作用には，2つの機能があると，上述の M. シェーファーは指摘す

「音の共同体」における求心力

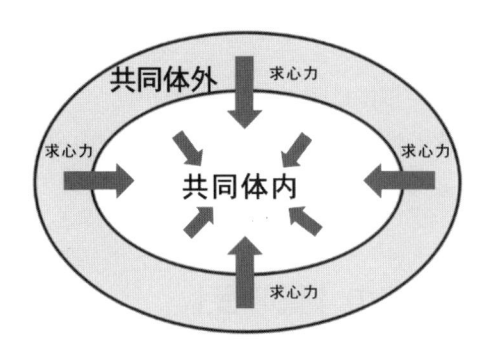

「音の共同体」における遠心力

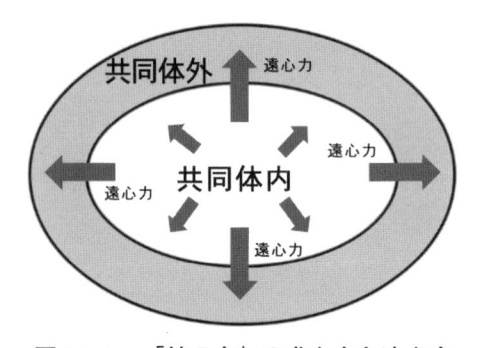

図13-4　「鐘の音」の求心力と遠心力
（作図：坂井素思）

る（図13-4参照）。2つとは，求心性（集める力）と遠心性（散らす力）である（p. 353）。例えば，シェーファーは求心性機能を持つ「ベル」の例として，トンガとフィジー諸島の礼拝堂のベルを挙げている。このベルを鳴らすことによって，礼拝堂に集まることを知らなかった人びとにも，ベルの音によって注意を喚起する効果があるのだ。そして，

人びとを一箇所に集める機能を果たしていることになる。

　また，遠心性の例として，バンクーバーにおける「天然痘の犠牲者を運ぶ馬車につける小さなベル」を挙げている。馬車が道すがら，通行人にベルの音で，この馬車には近づいてはいけないことを知らしめている。これらの求心性や遠心性の例については，感性に訴えることで，自動的に情報提供ができることがメリットとなっている。

7．共同資源としての「鐘の音」

　これまで見てきたように，「鐘の音」は，西洋においても日本においても，まずは「宗教的な音」として役割を持ち，またその後「共同体の音」として，例えば「時の鐘」などのように共同体における欠くべからざる「共同資源（common resource）」として，日常の音の中でも「公共的な意味」を持つものとして考えられるようになってきた。音が送り手と受け手との間の呼応関係を形成する典型例として，近世になるにしたがって，時刻を合わせて行う，労働や経済取引などの集団行為が増大し，時刻というものは「公共財」の価値を持つに至っており，その手段としての「時の鐘」はこれを実現する「共同資源」として存在すると考えられる。

　江戸時代には，「時の鐘」が宗教音から独立して，共同体の中で位置付けられた。典型的には，「時の鐘」による江戸の時刻制度が有名であり，日本橋の本石町に1626年（寛永3年），「時の鐘」を知らせるために鐘撞堂が置かれたのを嚆矢として，上野寛永寺，芝増上寺，浅草寺などの12から15箇所の「時の鐘」が設置された。そして，2時間おきに一日12回鐘が撞かれていた。このような情景は，芭蕉の有名な句にも反映されている。芭蕉の「花の雲鐘は上野か浅草か」という句は，深川に住ん

図13-5　（左）時の鐘：日本橋本石町から十思公園へ移されて保存されている。（右）時の鐘：上野寛永寺

でいて，江戸を歩いていた芭蕉の音景色を反映している。

　注目すべきは，「時の鐘」の管理運営体制が制度として成立しており，恒常的な公共財として維持されていた点である。「時の鐘」は鐘の音であり，生活音と同じように，身近な音として聞こえてくるのだが，生活音と異なって，ある共同体に共通に鳴り響き，共通の意味を伝えるものとして，つまり生活に不可欠な時刻を告知する「共通資源」として機能していたことを見ることができる。この共同資源には，人びとに共通に，時刻通知という恒常的な「社会的便益」をもたらすと同時に，その共同体全体に対して，継続して蓄積されていく「社会的費用」がかかってくることになる。ここで，音は空気や水資源と同じように，自然の中で手に入るから，無料（タダ）の，費用のかからない資源であると考えられている。ところが，実際には多くの音源に，意識的無意識的な費用がかかっている。多くの音は水資源と同じように，水道の水がほぼタダのような値段しかかかっていないように思えるが，実際には，ダムを作ったり水道管に費用がかかったりするのと同様に，遠くへ音を伝えるために

は高台の鐘撞堂が必要であったり，定時に鳴らすためには鐘撞人を雇わなければならなかったりなどの費用がかかっていることになる。

『江戸の時刻と時の鐘』（浦井祥子著）によれば，江戸には「時の鐘」があり，これによって人びとはおおよその時刻を知ることができたとする。鐘撞役辻源七の由緒が残っており，当初江戸城内にあった「時の鐘」が，1626年（寛永3）に日本橋本石町に移転された。この鐘撞役は，「時の鐘」が聞こえる範囲にある町の住人から，1か月銭4文ずつの「鐘役銭」を徴収する権利を持ち，これが「時の鐘」の運営資金となった。

「時の鐘」の運営には，3つの方式が混在していた。第1の方式は，町方から鐘撞料を徴収して鐘撞が行われた方法がある。今日の認識に当てはめれば，時刻報知サービスの対価として，それを利用していた町方の費用負担が，利用料金として集められたのである。第2の方式は，幕府から補助金が出て，幕府の管轄の下で運営が行われたものである。第3の方式は，共同体の一部として鐘撞体制が考えられ，「株」が発行されて長期的な制度維持を行う基礎となっていた。これらの境は曖昧であるが，第1の方式は公共財的な性質を持っているので，「時の鐘」にとっては継続することがたいへん難しいものであることが確かめられる。

このようにして，「鐘の音」は人間が産み出した音であるが，この音が人びとの間に習慣として定着することによって，逆に「鐘の音」が人びとを効果的に，共同体組織に結びつける潜在的な役割を担うのを見ることができる。オーケストラの各パートがうまく有機的に構成されると，良い音楽が生み出され，今度は逆に，その音楽に媒介されて，オーケストラの組織化がうまくいく効果を，組織論では「オーケストラ効果」と呼んでいる。「鐘の音」は公式的な組織ではそれほど貢献しているわけではないものの，非公式なところにおいて，「共同資源」として共同体を下支えして，潜在的オーケストラ効果を発揮しているのではないかと

考えることができる。このようにして歴史の中には，「鐘の音」のように，社会の音を体現するような事例を見ることができる。

演習問題

1. 社会の中の音を収集して，その音に関する「送り手」と「受け手」との相互作用をについて考えてみよう。その際，自然の音と人工の音との違いについても比較検討してみよう。
2. 「共同体の音」として，なぜ「鐘の音」が多く使われたのだろうか。その理由について考えてみよう。身近な「鐘の音」を見い出して，その起源と歴史をたどってみよう。

参考文献

Jean-Jacques Nattiez（1987），Musicologie générale et sémiologie, C. Bourgois，ジャン＝ジャック・ナティエ（1996）；足立美比古訳，『音楽記号学』春秋社

Alain Corbin（1994），Les cloches de la terre : paysage sonore et culture sensible dans les campagnes au XIXe siècle, (L'évolution de l'humanité,. Bibliothèque de synthèse historique), Albin Michel, ; A・コルバン（1997）；小倉孝誠訳，『音の風景』藤原書店

笹本正治（1990）『中世の音・近世の音：鐘の音の結ぶ世界』名著出版

坂井素思（2015）「音と共同体」社会経営ジャーナル第3号，社会経営研究編集委員会

浦井祥子（2002）『江戸の時刻と時の鐘（近世史研究叢書，6）』岩田書院

R. Murray Schafer（1977），The tuning of the world, Knopf, 1st ed ; R・マリー・シェーファー（1986）；鳥越けい子［ほか］訳『世界の調律：サウンドスケープとはなにか』平凡社ライブラリー（2006）

中川真（1992）『平安京：音の宇宙』平凡社ライブラリー（2004）

14 | 騒　音

坂井素思

《目標＆ポイント》　「騒音とは何か」について，この章では考えていく。騒音の歴史は，人間社会の近代化の歴史とほぼ重なる。産業化の過程で，機械音，工場音，交通音，さらに広告宣伝音などを増大させてきた経緯がある。これらの騒音にも，送り手と受け手が存在し，外部性などの社会的関係を形成してきている。「音の大きさ（音圧）」を測り，量的で客観的な基準に従って騒音規制を行う方法がとられたり，「望ましくない音」という，質的で主観的な基準に従って，騒音規制を行う方法がとられたりしてきている。いずれにしても，騒音の基準は相対的なものであるため，人びとの苦情や意識を調査して，それをフィードバックさせ，制度へ反映させていく必要がある。とりわけ現代のように，低周波騒音のような，聞こえない騒音も存在するような複雑化した事態の中では，騒音とはなにかについて，絶えず議論を深めることが必要である。

《キーワード》　ノイズ，機械音，工場音，交通音，生活音，望ましくない音，騒音規制，ローファイ革命，低周波騒音

1. 近代社会と「騒音あるいは雑音（ノイズ）」

　社会が近代化されるにしたがって，都市における「騒音あるいは雑音（ノイズ）」が増大する傾向を示した。この騒音問題にも，音の本質的な特性が現れている。それは，音の送り手と受け手が存在し，音の送り手だけが騒音を作り出すだけではなく，音の受け手による感受性によっても，騒音問題の現象は左右されるという点である。音の送り手と受け手との間において，騒音問題は惹き起こされ，後で説明していくような，

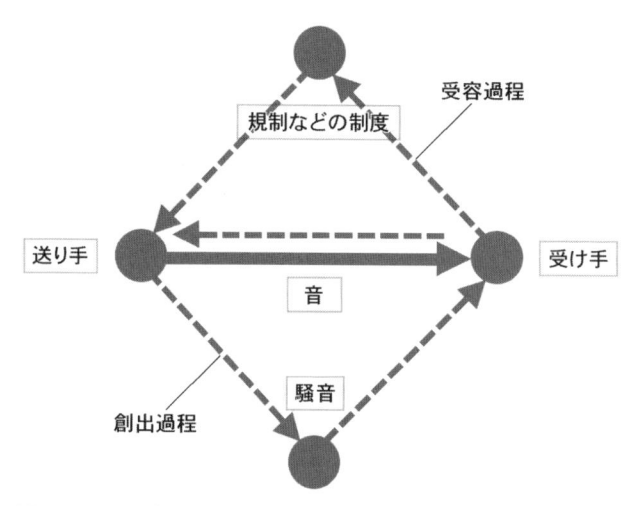

図14-1　騒音における送り手と受け手の相互作用
（作図：坂井素思）

外部不経済や騒音規制，さらには騒音芸術などの社会的な意味が生ずるのを見ることができる（図14-1参照）。

　さて，何をもって近代の「騒音あるいは雑音」と考えるのかは，また後で詳細に検討することになるが，ここでは暫定的に『ノイズ／ミュージック』を著したP. ヘガティにしたがって，音の受け手の個人感覚に生ずるとする典型的な解釈をとっておきたい。それは，とりあえず次のとおりである。「ノイズは＜私＞に降りかかるものであり，それは私の支配下になく，私あるいはわれわれが生きる音世界との快適なレベルをいくぶん超えたものである（p. 8）」というものである（ヘガティ，2007）。注目しておきたいのは，騒音（ノイズ）というものが，近代社会の展開の中で，「私の快適さ」という価値観から外れるものであるという，マイナスの概念として考えられてきたということである。私の感ずる「快適ではない」という，個人中心の感覚に基準を合わせた，近代

的価値観が反映されている。

　その結果，個人の感覚の合計あるいは合成として，集団の感覚がそのまま現れてくる。「私を脅かすノイズは，私が自分に対して規定する他者の一部である。ノイズは個人との関係において存在し，個人はノイズの支配下にあるとするなら，ノイズはノイズについての現象学である。つまり，家や車やアラームなどの音が，音によるある種の共同体を形成する（p. 8）」のであるとする（ヘガティ，2007）。すなわち，近代社会はこれらの騒音（ノイズ）を普通に含んだ「音の共同体」として登場したのである。騒音が個人感覚だけでは成り立ち得ず，他者の感覚を含んだものとして，成立することになった。

　見方を少し変えるならば，音というものが「楽音」なのか「騒音」なのかを決定するのは，他者の反応を考慮すると，紙一重の感覚の違いでしかない。産業化の初期に，田舎の「水車」の回る音は，「楽音」だったが，その「水車」が紡績業に取り入れられて，巨大な工場を動かすようになると，機械の「騒音」を生み出す元になった。けれども，「騒音」だと考えられていた都市の雑踏音が，ロックミュージックなどの中に取り入れられると「騒音音楽」として，楽音になったりもするのが現代である。現代社会の中で，どのような場合に，楽音が騒音になり，また騒音が楽音になるのかを考察することが重要であると考えられる。そもそも，騒音という考え方がどのようなものなのかが，未だにわかっていないのは，社会背景に存在する社会文化の状態に，騒音という考え方が影響されるからである。例えば，「騒音」という言葉が定着したのは，日本においては第二次世界大戦後であり，戦前の警視庁文書では，「騒響」「躁音」などの言葉が使われていた。このことは，騒音の考え方が一定していなかったことを反映しているといえる。

2. カーライルと漱石の騒音体験

　近代社会の黎明期において，このような雑音が「私に降りかかる」ものであることを強調している評論がある。ロンドン在住の鋭敏な評論家と，日本から留学し，他者の存在を異常なほど感じていた文学者とが，この「降りかかる」雑音を見事に捉えている。明治期の小説家夏目漱石の描いた短編『カーライル博物館』に，このことが記されている。漱石は1900年から2年間の英国滞在中に4回ほど，かつてカーライルが住んでいて，現在はカーライル博物館となっている建物を訪れており，ここには「夏目金之助」の記帳が残されていることが知られている。

図14-2　裏庭から見たカーライルの家
注：4階天井裏に書斎が増築された
　　（写真提供：株式会社コッツワールド）

著書『衣装哲学』などの評論で有名な T. カーライルは妻とともに，1834年6月10日にロンドンのチェルシーにあるチェイン・ロー24番地へ引っ越してくる。現在でこそ，チェルシーはテムズ川沿いの，ロンドンの中心地に近い高級住宅街であると考えられているのだが，近世にはトマス・モアなどが住む郊外であり，19世紀当時でも，中心街から少し離れた住宅街であった。したがって，カーライルは，ロンドン大都市の喧騒からは一応逃れることができるのではないかと思われる場所として，この地を選んだと考えられる。漱石は「カーライルはまた云う倫敦の方を見れば眼に入るものはウェストミンスター・アベーとセント・ポールズの高塔の頂きのみ。・・・彼は田舎に閑居して都の中央にある大伽藍を遥かに眺めたつもりであった」と描いている（図14-3参照）。

ところが，カーライルは音に敏感であって，無遠慮に響く雑音を聞き流して，原稿執筆に専念することができなかったらしい。漱石は「洋琴の声，犬の声，鶏の声，鸚鵡の声，いっさいの声はことごとく彼の鋭敏なる神経を刺戟して懊悩やむ能わざらしめたる極ついに彼をして天に最も近く人にもっとも遠ざかれる住居をこの4階の天井裏に求めしめたの

図14-3 （左）ウェストミンスター寺院の鐘，（右）セント・ポール寺院

である」と記している。つまり，カーライルはこの家の 4 階天井裏に，夏は暑く冬は寒いにもかかわらず，書斎を増築したのだ（図14-2 参照）。ところが，ここまで行った結果，実際にはこの 4 階天井裏にも，教会の鐘の音や蒸気機関車の交通音が容赦なく，押し寄せてきたと描かれている。

　ここで注目しておきたいのは，都市には生活音があり，自分の家だけが静寂を保っていようとも，カーライル夫人が書いているように「此夏中が開け放ちたる窓より聞ゆるもの音に悩まされ候事一方ならず色々修繕も試み候えども寸毫も利目無之」の状態にあったことがわかる。カーライルがロンドンという大都市に引っ越してきた途端に，その端の住宅地においてさえも，都市特有の他者の生活音に苦しめられる状況が，都市化や工業化が進む19世紀の大都市には存在していたのである。英国が「世界の工場」となって，経済成長を行い，英国の人びとが豊かになればなるほど，個人に降りかかる騒音問題が増大していくことになったのである。普通の人にはカーライルのように書斎を増築することはできないかもしれないが，ここで「降りかかる」騒音によって，この騒音を出す方にも，また騒音を受ける方にも，双方に何らかの対応が迫られる事態が生ずることになったのである。

3. 騒音の社会化：
　どのような種類の騒音が存在するのか

　騒音は，個人の感覚によって異なることが知られている。「うるさい」と感じるのは，個人の感覚，来歴，環境などによって異なる。その音が「騒音」であるか否かについての感覚も異なるし，さらにどの程度の音であれば，騒音と認識されるのかについても，個人間で異なる（中島，

2001)。けれども，都市における騒音には，人びとにとって共通の特徴も見られる。

　一つには，家の中から聞こえる「生活音」という身近な騒音から，騒音問題は始り，隣人同士の間で問題は大きくなる。二つには，近代社会特有の自動車音，機関車音，航空機音などの「交通音」，工場音，機械音，広告宣伝音などの「産業音」が増大してくるという，社会共通の環境問題を含んでいる。そして，三つにはざわざわとした低周波に代表される，どこからともなく湧いてくる，耳には聞こえてこないような「一般雑音」，時報のような「公共音」が存在することになる。これらの混在した街の音がどのような構成で存在するのかについて，中川真『平安京：音の宇宙』では，京都の六角町の聞き取り調査から分類を行った表を掲げている（表14-1参照）。

　この表に挙がっている音は，主として発生源（送り手）から見た音であるが，定地点で聞こえてくる音について時代を超えて収集してあり，わたしたちの生活音の全体をよく表している。さらに，騒音が社会の中で問題になる場合には，前章で見たように，必ず受け手が存在する。受け手の側で，それらの音が「騒音」なのかそうでないのかが判断されるのである。近代になって，この表にある機械音や拡声器音や乗り物音などが騒音と認定されるようになってきたが，近世には物売りの音や行事の音も騒音と判断される可能性もあった。騒音においては，近代社会の中で次第に公式として認められてきた歴史が存在し，騒音の社会化が行われ，騒音規制が行われることになった。

表14-1　京都六角町での日常音

音の分類	音源
自然音(生物)	鳥，虫，カエル，天候，犬，猫，(牛，馬，動物園)
人　の　声	家族，町内の人，御用聞き，客，(子ども，奉公人)
作業音(通行)	植木屋のハサミ，煤はらい，建具の模様替え，朝の水撒き，夜警の拍子木，ゴミ回収車，(衛生掃除，タバコ盆のキセルの灰捨て，警官のサーベル，仕出屋の高下駄，女店員のつっかけ下駄，井戸水を汲む音)
機　械　音	空調機，冷蔵庫，洗濯機
物売りの音	故紙回収，ラーメン，焼芋，驢馬のパン，みたらし団子，豆腐，(夜なきうどん，梯子，くらかけ，金魚，竿竹，風船，花，ポン菓子，綿菓子，シジミ，イワシ，下駄直し，蝙蝠傘修繕，包丁研ぎ，キセルのらおしかえ，紙芝居)
遊戯(娯楽)音	プール遊び，(花火，将棋さし，縄跳び，ケンケン，三角ベース，絵かき遊び，メンコ，こま回し，凧上げ，肉弾ごっこ，花いちもんめ，京の大仏さん)
宗　教　音	仏壇のチン，木魚，御詠歌，寒修行，団扇太鼓，(虚無僧の尺八)
拡声器音	右翼の車，暴走族，救急車，消防車，パトカー，選挙宣伝カー
乗り物の音	自転車，バイク，自動車，トラック，(大八車，木炭自動車，三輪車，ジープ，市電，B29，汽車や電車の汽笛・走行音)
行　事　音	御千度，御火たきさん，(やっこ払い，オショウライノハナステヨ，ラジオ体操，運動会の応援練習，盆踊り)
時　報(警報)	六角堂の鐘，除夜の鐘，(小学校の大鈴，市役所のサイレン，お昼のドン，サイレン，半鐘)

(　)は過去にあって，現在聞こえなくなった音

(出典：中川真『平安京　音の宇宙』平凡社ライブラリー)

注：表には，現在では聞くことのできない音や，今日の口語では使われなくなった，適切でない表現の音も含まれているが，資料的な価値を認めて，そのまま掲載した。

表14-2　「騒音規制」に関する歴史（東京都）

年	内容
1878年（明治11年）	夜間12時以降の静寂維持（「註違罪目の追加布達」）
1880年（明治13年）	道路における放歌高声の禁止（太政官布告第36号）
1881年（明治14年）	喧噪シテ安眠ヲ妨ゲルことの禁止（警視庁布達第60号）
1894年（明治27年）	工場設置の騒響等に関する調査（汽罐汽機取締規則執行心得）
1906年（明治39年）	製造所の震動，騒響ニ関スル取締（警視庁令第47号）
1908年（明治41年）	「公衆ノ自由ニ交通シウル」場所の喧噪禁止（警察犯処罰令：内務省令第16号）
1929年（昭和4年）	騒響，震動ヲ発スル工場に関する「工場取締規則」（警視庁令第35号）
1933年（昭和8年）	運転中の甚だしき騒音，必要以上の警音器使用禁止（改正自動車取締令）
1935年（昭和10年）	著シク震動，騒音ヲ生ズル「原動機」の禁止（原動機取締規則）
1937年（昭和12年）	ラヂオ・蓄音機・太鼓等の「高音取締規制」（警視庁令第25号）
1943年（昭和18年）	著シク震動，騒響ヲ発スル「工場公害及災害取締規則」（警視庁令第14号）
1949年（昭和24年）	騒音防止に関する条例（東京都）
1954年（昭和29年）	工場公害防止条例（東京都）
1967年（昭和42年）	公害対策基本法
1968年（昭和43年）	騒音規制法
1970年（昭和45年）	騒音規制法の改正

（出典：末岡伸一（2000，2001）から筆者が抽出した）

　このことを考慮すると，問題となっている「受け手の反応」を知る手がかりは，騒音規制の歴史にある。表14-2には，東京都で制定されてきた騒音規制の歴史をまとめてある。この中で，工場音や機械音などの産業化の影響による騒音規制が共通に規制されており，この点が目を引く。そして，近年の統計でも，建設音や工場音の苦情件数が高い数値を示していることがわかる（図14-4参照）けれども，それ以外にも，公共の路上や近隣に及ぼす，受け手同士の間における「生活音」の騒音に

第14章 騒音　235

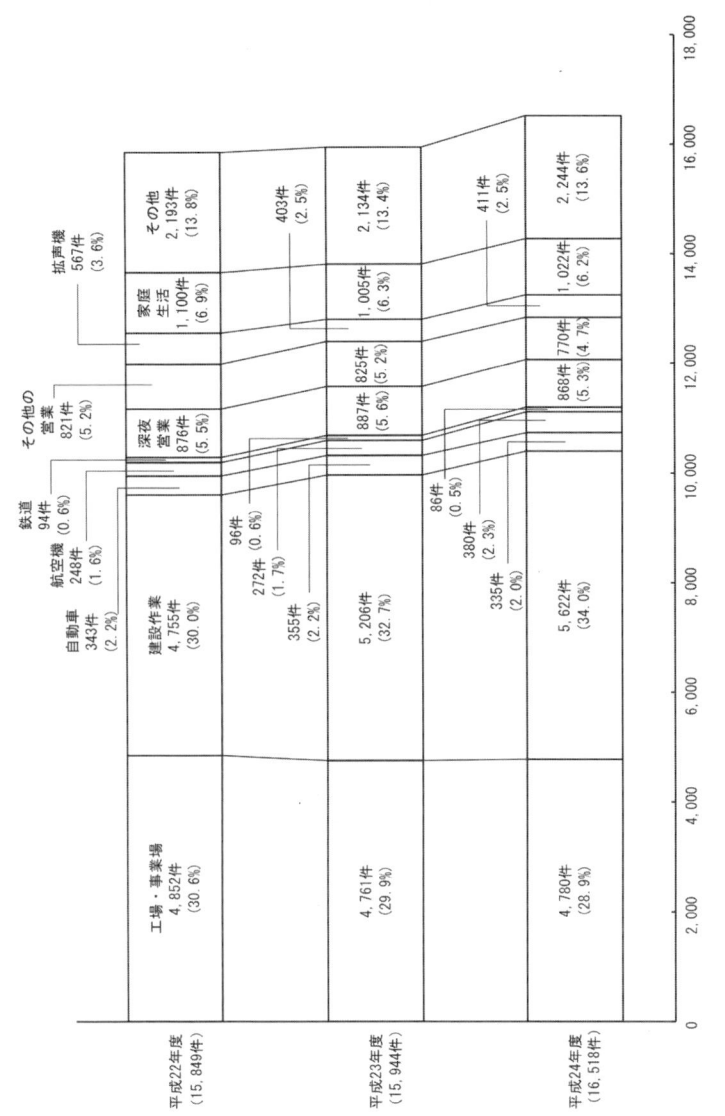

図14-4　過去3カ年の苦情件数の発生源別内訳
(出典：平成24年度騒音規制法施行状況調査)

年度	工場・事業場	建設作業	自動車	航空機	鉄道	その他の営業	深夜営業	家庭生活	拡声機	その他
平成22年度 (15,849件)	4,852件 (30.6%)	4,755件 (30.0%)	343件 (2.2%)	248件 (1.6%)	94件 (0.6%)	821件 (5.2%)	876件 (5.5%)	1,100件 (6.9%)	567件 (3.6%)	2,193件 (13.8%)
平成23年度 (15,944件)	4,761件 (29.9%)	5,206件 (32.7%)	355件 (2.2%)	272件 (1.7%)	96件 (0.6%)	887件 (5.6%)	825件 (5.2%)	1,005件 (6.3%)	403件 (2.5%)	2,134件 (13.4%)
平成24年度 (16,518件)	4,780件 (28.9%)	5,622件 (34.0%)	335件 (2.0%)	380件 (2.3%)	86件 (0.5%)	868件 (5.3%)	770件 (4.7%)	1,022件 (6.2%)	411件 (2.5%)	2,244件 (13.6%)

関しても規制の歴史は古くから存在していることがわかる。

　シェーファーは，世界の都市における苦情調査を通じて，どのような騒音が共通しているのかについて，報告を行っている（シェーファー，1977）。その結果，公共の場での騒音，家の音楽・スピーカー・ラジオの騒音，家畜・ペットの騒音，バイクなどの交通音，住宅地内の工場音の騒音などが，共通に報告されていることを指摘している。もっとも，地域特有の騒音もあって，例えば1910年代のスイスのベルン市では，「カーペットをたたく」騒音が問題になり，禁止条例が成立していると指摘されている。

4. 騒音（ノイズ）とは何か

　それでは改めて，このような生活音の中で対応を迫られるようになった，その「騒音」とは何であろうか。騒音についての，サウンドスケープの観点からの議論を残しているのが，M. シェーファー『世界の調律』である。シェーファーの騒音（noise）の定義では，4つのタイプに分かれている。ざっとこれらを見たところでは，ノイズの定義付けはそう簡単ではないことがわかる。第1に，騒音とは「望ましくない音（unwanted sound）」として，受け手側の基準が挙げられている。この望ましくないという騒音基準は，主観的な内容を示しており，オックスフォード辞典によれば，この意味のノイズという言葉は1225年から使われている例が存在するとされる。第2に，「非楽音（unmusical sound）」が挙げられ，物理学者 H. ヘルムホルツの定義に従って考えられている。管楽器や弦楽器の出すような，一定の周期的振動を持つ音を「楽音」と定義し，打楽器のように振動の周期が一定でなく，音の高さが定まらない音を「非楽音」と考え，この楽音以外の非楽音をノイズと考え

た。第3に,「大きな音(any loud sound)」が騒音として挙げられている。今日,騒音を発生する側に課する基準として,騒音規制条例などで採用され,一定程度の客観的な基準を表すとされるものである。これまでの章で取り上げられてきたように,音の大きさは計測器によって「デシベル」という音圧表示が可能であるために,これが騒音の基準として使用されてきた。第4に,ノイズの定義として,「信号体系を乱すもの(disturbance in any signaling system)」が挙げられている。電話での通話障害やテレビ画面のチラツキなどを挙げ,本来の信号の成分ではない撹乱要素を指している。

　ここで問題になるのは,主として,第1と第3の定義である。この両

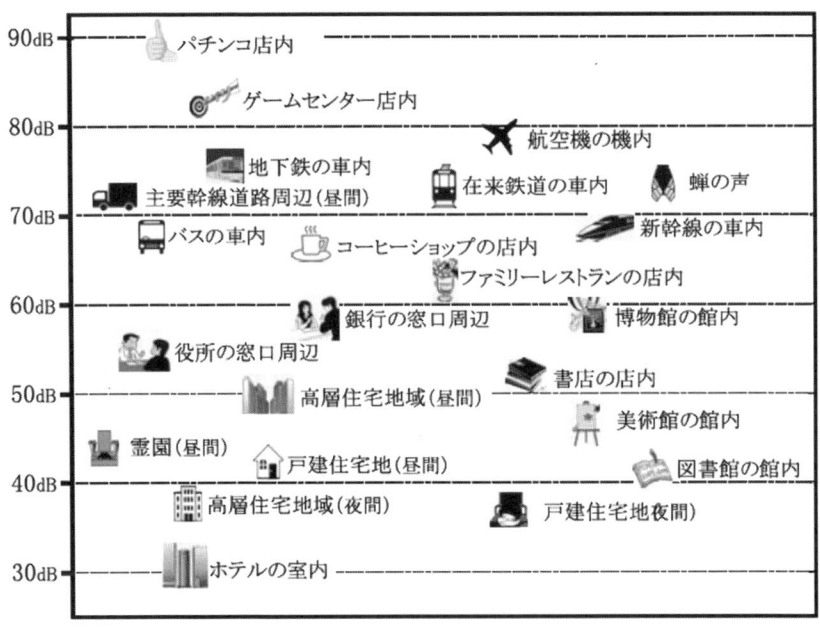

図14-5　騒音の目安(都市近郊の場合)
(出典:全国環境研協議会騒音調査小委員会)

者の決定的な違いとなっているのは，前者が主観的ノイズあるいは質的なノイズであるのに対して，後者は客観的ノイズあるいは量的ノイズであるという点であるのだが，じつはノイズには，これら両者の要素が絡み合って存在することがわかる。けれども，前者の視点で見るのか，それとも後者の視点で見るのかによって，騒音問題がかなり異なって見えてくることになる。

　第3の定義について見るならば，この客観的で量的な騒音の定義は，数量化して可視化できるために，騒音規制に大幅に利用されることになる。例えば，シェーファーによれば，音圧の過剰な大きさが健康障害を起こすことが実証されたことによって，米国の労働衛生からの基礎付けが行われ，一定以上の音圧が労働現場から排除されるようになった，という目覚ましい発達があった。騒音規制法が各国で制定され，日本においても1968年に発効されている。また，騒音規制の基準についても，様々な居住環境の中で騒音調査が行われ，とりわけ音圧調査が中心として行われている。図に示したような全国環境研協議会騒音調査小委員会による「騒音の目安（rough standards）」が定められ，これを基準として騒音規制が行われるようになってきている（図14-5参照）。この目安を大幅に上回る音圧を示すような音は，騒音とみなされることになる。

5. なぜ騒音は増加したのか

　ここで問題なのは，なぜ騒音が増大したのかという問題である。近代化が進み，さらに経済成長が進展すると，産業が生み出す機械音・工場音・交通音という，これまでの近世までの手工業を上回る産業音が増大するようになった。そして，この近代的騒音の増大には，大きく2つの問題が存在することがわかってきた。

一つは，上記で見たような近代社会に見られる継続的な「音環境」変化の問題であり，音を送出する環境変化の必要性が，産業の発達によって多く作り出されるようになったといえる。例えば，自然世界の音や人間の手作りの音が作り出されるだけでなく，これらの音以外の世界である経済の世界において，それまでと異質な音である，産業音や交通音が作り出されるようになった。これらの音は，当初は経済の世界にとっても取引の外部的な問題として付随的な音であると認識されていたのが，今日では公害問題として認識され，騒音の中核的な問題となってきている。

近代社会における公害問題は，産業社会の進展とともに，市場取引が拡大し，それに伴って，市場だけでなく市場外において変化が生じ，外部的に生じた。市場外取引として，市場経済にはこのような外部経済，外部不経済が付随して増大し，大量の取引が可能になったと同時に公害

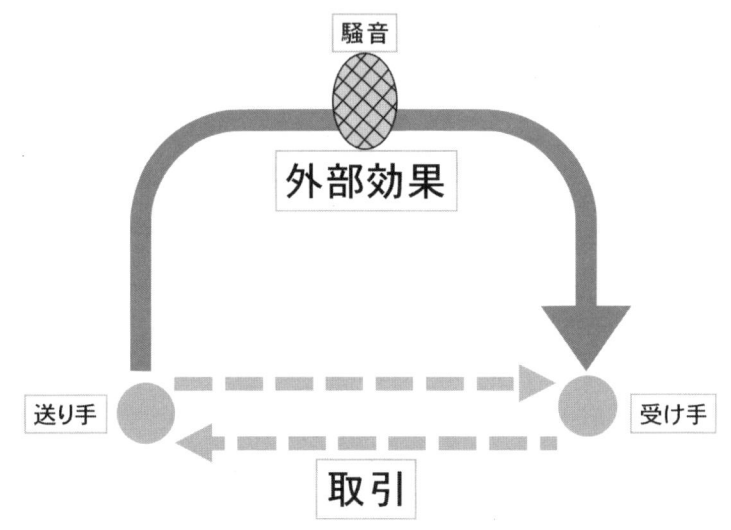

図14-6　騒音の外部効果　（作図：坂井素思）

問題などを引き起こすことになった。これと同様にして，共同体の「資源」として，保護されてきた「共同体の音」が，過剰に情報音として提供されることで，共同体の「ゴミ」として認識されるようになった。つまりは，私的経済の発達が，公的経済の衰退をもたらすことが音の世界でも生ずることになった（図14-6参照）。

　もちろん，問題は単純ではなく，「共同体の音」の一部は，外部不経済となったが，他の一部は外部経済として，共有資源として役立っている場合も存在する。雑音が「共同体の音」として役割を与えられている場合も存在する。

　もう一つには，音それ自体の問題があり，音にはもし規制を設けないのであれば，飽和状態が存在しないという特徴があるという量的な問題だけでなく，音の増大によって音自体が変容する事態が生ずることになった。このために，音の雑多で多様な重なりを防ぐことがかなり難しく，騒音を増加させることになった。同時に多くの音を送出し，同時に多くの音を受けることが，音の世界では物理的には可能である。

　この点に関して，音の世界に「ローファイ革命」が起こって，上記の2つの変容が起こったのだ，と「音」革命を強調するのは，サウンドスケープ論のM. シェーファーである。ローファイ革命は中世における，教会の鐘などのハイファイな音をくすませ，音の過剰をもたらすことによって近代社会で達成されたと考えられている。例えば，産業革命は，機械音や工場音などの新しい音を世界にもたらしたが，さらに電気革命は，レコード・CD・各種メディアなどの音のパッケージ化・オンライン化を通じて，音を時空間に増幅・増殖させたとする。この結果，音の過密によって，S（シグナル）とN（ノイズ）との比率，つまりS/N比を低下させたと主張する（p.167）。中世の世界では，目立った音として存在してきた，信号などの有益なシグナル音が，近代の世界では，ノ

イズ音に紛れて，目立たなくなってしまった。

　産業革命によって行われた音のローファイ革命は，音革命の一端でしかない。シェーファーが注目したのは，もう一つの音革命の特徴である，つまり音自体の変容であった。社会の中で観察される生活音などが，全般的に振動数が低いものに集中する傾向を示した。音の本体が長く変化せずに，グラフィック・レベルレコーダーなどで視覚化すると，はっきりとその傾向を示すことになる。

　ここで問題となるのは，前述の騒音の「望ましくない音」という定義である。高い音ならば，それが続けば，「うるさい」と感じる人が多いだろう。ところが，街の音が低いところで集中することによって，耳では「うるさくない」のだが，実際には，うるさいと感ずる人が多くなる可能性を持ったということになるだろう。音のローファイ革命によって，私たちの聴覚の嗜好性が異なるものになり，低い音に関する感受性が鈍ってきてしまったという現象が現れることになったのである。

　「望ましくない」あるいは「うるさい」という音の基準は主観的で相

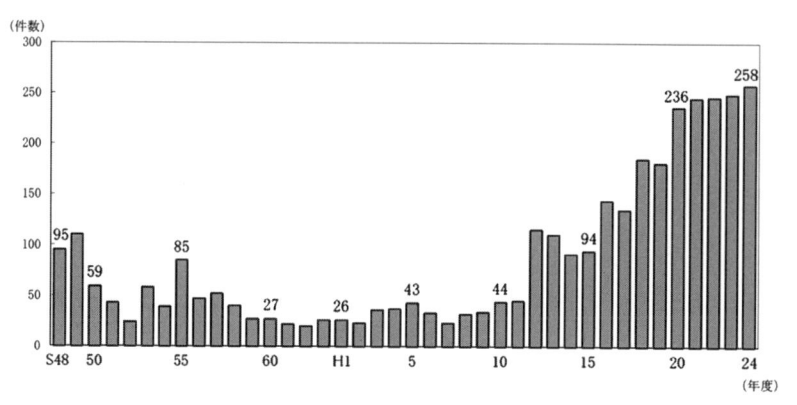

図14-7　低周波音に関する苦情件数の推移
（出典：平成24年度騒音規制法施行状況調査）

対的なものである。厳密に絶対的な騒音であるとするような「騒音の判定基準」は存在しない。けれども，わたしたちは個人の主観的な基準に絶対的な信頼を寄せて，それだけで騒音を判定するわけにはいかない。もし個人の主観に頼るならば，主観と主観の対立から免れないからである。したがって，たとえ相対的な基準であっても，また効力がたとえ弱くても，人びとの苦情を調査して，議論を行い，それを社会へフィードバックさせ，制度へ反映させていくことによって，その音が騒音であるか否かを決定していく必要がある。このような間接的な方法による基準は，大雑把な基準（rough standard）ではあるが，基準が存在しない状態よりも良い状態であるといえる。とりわけ，健康を損なうような騒音は医学的な見地から防止していく必要があるが，さらに現在生じてきている，低周波騒音のように，聞こえない騒音も存在するような複雑な事態の中では，このような潜在化している騒音については，決定的な解決策は容易に考え出すことはできない（図14-7参照）。主観的な「望ましくない音」については，個人レベルの感覚から，社会文化に照らして，集団レベルの感覚へ向かって，人びとの間で騒音とはなにかについて，絶えず知識を新たにし，議論を深めることが重要となってきている。

演習問題

1．「騒音の定義」についての考え方を集めて，比較検討してみよう。各地方自治体が規定している「騒音の定義」をインターネットで調べてみよう。
2．身の周りの「騒音」と思われる音を集め，なぜその音が騒音と考えられるのか，理由を挙げてみよう。そして，その騒音についてどのような対策の可能性があるか考察してみよう。

参考文献

Paul Hegarty（2007），Noise/music : a history, Continuum；ポール・ヘガティ（2014），若尾裕，嶋田久美訳，『ノイズ／ミュージック：歴史・方法・思想 ルッソロからゼロ年代まで』みすず書房

R. Murray Schafer（1977），The tuning of the world, Knopf, 1 st ed; R. マリー・シェーファー（1986）；鳥越けい子［ほか］訳，『世界の調律：サウンドスケープとはなにか』（テオリア叢書）平凡社；のちに，平凡社ライブラリー版（2006）

中島義道（2001）『騒音文化論』講談社（＋α文庫）

中川真（1992）『平安京：音の宇宙』平凡社；のちに，平凡社ライブラリー版（2004）

丸山康司（2012）「騒音問題と社会的受容性」日本風力エネルギー学会誌，Vol.36, No.4，pp.542-545

全国環境研協議会騒音調査小委員会（2009），「騒音の目安」作成調査結果について，全国環境研会誌，第34巻4号，pp.22-29

石橋雅之，山本真理（2012）全環研騒音小委員会の共同研究，掲載先URL:http://www.pref.chiba.lg.jp/wit/taiki/nenpou/documents/ar2013taiki021.pdf

末岡伸一（2000）「騒音規制の歴史的考察」東京都環境科学研究年報，pp.207-214.

末岡伸一（2001）「騒音規制の歴史」騒音制御，Vol.25, No.2，pp.66-69

15 | 音の世界

大橋理枝・佐藤仁美

《目標＆ポイント》 この章ではこれまでに触れてきた内容と絡めながら，私たち人間が音とどのように向き合っているのかを概観する。
《キーワード》 カクテルパーティー効果(現象)，絶対音感，同質の原理，沈黙

1. 聞こえる音

　父はテレビをつけたままでものを読むことを苦にしない人だった。母は集中したいときには周りで音がすることを嫌ったが，継続的にかなり大きな音で唸っている機械の脇で丸一日仕事をしていても平気だった。母に，なぜこんなうるさいところで仕事ができるのかを尋ねたら，テレビの音は気になるが機械の音は気にならないのだと言った。私達が住んでいたのは幹線道路と消防署に面した敷地にある団地だった。自動車の音は子供の頃から常に当たり前のものとして存在する音だったので，「自動車の音がする」と意識したことはほとんどなかった。一方，たまに来客があると，車の音のうるささに驚かれたりもした。また，電話で友達と話しているときに救急車が通ると，そのサイレンの音が電話相手の友達にも聞こえてぎょっとされる一方，私自身は救急車が出動したことさえ意識していなかったことも度々あった。これらの例からわかることは，どの音を気にするか — すなわち何の音を聞き，何の音を聞かずにいられるか — は人によってかなり異なるし，同じ個人でも状況によって変わるということである。

第2章・第3章では，私たちが普段聞いている音は音源で生み出された空気密度の濃淡が鼓膜に伝わることで感知されることを見たが，この過程は物理的なものであるため，音源が何であってもその過程は変わらない。しかし，私たちは多くの場合このような物理的過程を経て鼓膜まで到達した音を全て意識しているわけではなく，一部の音は意識に上らない。第1章でも選択的知覚について述べたが，視覚刺激と違って故意に遮断することが困難な聴覚刺激については，この選択的知覚は一層重要になる。

　一方，ある時点まで気にならなかった音が急に気になり出すこともあるだろう。寝ようとしたら急に時計のチクタクいう音が気になり始めてなかなか寝付けなくなってしまったという経験は，部屋にアナログ時計を置いていたことのある人なら一度は経験したことがあるのではないだろうか。これは寝る間際まで音を立てていなかった時計が急に音を立て始めたのではなく，それまでは他のことに紛れて気にしていなかった音が，他の刺激がなくなってみて初めて意識化された状態だといえる。

　さらに，特定の音に対して他の音とは異なった注意を向けている場合もある。私達が自分にとって意味のある聴覚刺激として最も敏感に反応するのが自分の名前であるといわれている。カクテルパーティーのように複数の人が集まってそれぞれ個別に話しているような場所（聴覚刺激の多い場所）でも，目の前にいる話し手が話す内容を，他の音から区別して聞くことができる。同時に，「音の一日」（第1章）の中にもあったように，自分が話している相手ではない人が自分の名前を口にするとなぜか気付くことが多い。これには，私たちが特定の音を聞いたときに，それがどの方向から聞こえてきたかを判断する能力が関わっている（東倉・赤木・阪上・鈴木・中村・山田，1996a）と同時に，特定の音が他の音よりも重要な意味を持ち得ることを脳で判断した結果であるともい

える。幼児が自分の名前を教えられ，名前を呼ばれたら応じるべきであることを教わり，他人が自分の名前に言及したら自分のことを話している可能性が高いといことを学習していく過程で，自分の名前の音声というのが本人にとっては非常に重要な聴覚刺激であるということを習得した結果として，自分の名前を他の聴覚刺激より重要なものとして認識する癖がついた結果生じる現象として説明される。これを「カクテルパーティー効果」または「カクテルパーティー現象」と呼ぶ（中山，2003）。

2. 聞くべき音

　カクテルパーティー現象で自分の名前が聞こえるのは社会化の成果だといえるが，ある社会の中でどの音が「聞くべき音」とされているものなのかを学ぶのも社会化の過程である。第12章で述べたとおり，日本における虫の「声」の擬音化は，日本という文化圏で夏にセミが発する音や秋に虫が発する音が「聞くべき音」として認識されていることを示しているが，このような音を「聞くべき音」として認識しない文化圏ももちろんある。そのような文化圏で育った人は，これらの音は意識に上らないかもしれない。このことは，一見生理現象にも思える選択的知覚が，じつは文化的・社会的影響を大きく受けたものであることを示している。

　このことはまた，選択的知覚はある程度自分でコントロールすることが可能であることをも示す。つまり，訓練によってどの音が意図的に聞くべき音であるかを知ることができるということである。鉄道や道路の整備の際に「打音検査」が用いられるのは，道路やレールを叩いたときに修理が必要な箇所とそうでない箇所での音の違いを聞き分けられるからこそ効果があるはずである。

　考えてみれば，この「聞きわけるべき音の違い」はそれぞれの分野ご

とにあるだろう。料理をする人なら釜が立てる音から中の米の状態を知ることができるだろうし，鍋に油を垂らしたときに立てる音から鍋の温度を判断して炒め物のタイミングを図ることもできるだろう。内科医なら診察に来た患者に「アー」といわせて喉の状態を判断し，深呼吸をさせた時の肺の音で診断を下すだろう。これらはもちろん，専門的な訓練を受けた人のみが聞き分けることができる音の違いであろうが，「どの音を聞くべきか」を意図的に知ることができてこそ発揮することが可能な技能である。

3. 聞けてしまう音

　前節で述べたとおり，様々な分野で「聞くべき音」を聞き分ける訓練をしている。中でも特殊な形でこの訓練を受けた人が，音楽に携わる人であろう。プロでもアマチュアでも，音楽を演奏する際には，自分が出す音と周りの音との異同を聞き分けられる必要がある。「周りの音との異同」というのは，第5章で述べられていた周波数や波長の問題ではなく，第6章で述べられている「音を合わせる」という意味での異同であり，第8章で述べられていた「縦」と「横」との中での異同である。この異同の聞き分けが十分でない場合，「音が合っていない」と評される。実際の演奏では，聞き分けられずに合わないのか，聞き分けられても楽器でそれを表現する技術に難があって合わないのかという問題はあるが，いずれにしても周りの音との兼ね合いでの自分の音，という聞き分け方が必要になる。ある音が特定の周波数と合っているかどうか（例えばAの音を440Hzに合わせる，など）という意味での「聞き分け」は，音楽を演奏する際には必ずしも必要ではない。

　一方，ある音とその周波数とを結びつけることができるように幼少期

からトレーニングされる場合もある。このトレーニングの成果には個人差が大きいが，ある音を聞いたときにその音がどんな周波数の音に近いかを判別することができる人がいる。いわゆる「絶対音感を持っている」といわれる人である[1]。この人たちには音が「単なる音」として聞こえるのではなく，「名前を持った音」として聞こえてしまう。例えば，ワイングラスで乾杯した際のグラスがぶつかる音を，単に「ワイングラスがぶつかる音」として聞くのではなく，「Cの音とAの音とG#の音が混ざった音」というように聞こえてしまうのである。また，一時期京浜急行列車で採用された「ドレミファインバーター」のように，「ドレミファソラシド」と聞こえるように作られた音も，「FGAH♭CDE♭FGの音だから音階になっていなくてすごく気持ち悪い」などということになってしまう。電車の発車ベルも，絶対音感で聞いてしまうと「C#F#G#で始まって次がF#A#C#の和音でそのバックでC#A#C#A#Hというメロディが流れている[2]」などという具合になってしまい，単に「発車ベル」として聞き流すことができない。

このように絶対音の階名で全ての音を聞き分けてしまうような聞き方を，まるでスイッチの入切を切り替えるように意図的に止めることができる人もいるし，一時期はできたこのような聞き分け方がその後できなくなっていく人もいる。一方，どうしてもこの聞き方から逃れられずに苦しむ人もいる。そのような人にとっては，絶対音の階名というのは逃れることができない「聞けてしまう音」になる。先に，私たちの多くは意味のある音と意味のない音とを意識的・無意識的に区別して受容する選択的知覚を持っていると述べたが，時にその仕組みが上手く働かなくて，聞く必要のない音まで受容してしまう人もいる。そのような人にとっては，音は「聞く」ものというより「聞こえてしまう」ものなのだろう。絶対音感を持った人の中で，その「スイッチ」を切ることができ

ない人にとっても，状況は同様である。

　そのような人たちにとっては，「バックグラウンドミュージック」という概念自体が成り立たないであろう。バックグラウンド＝背景で流れている，害のない音楽，というものはあり得ず，あらゆる音，あらゆる音楽が神経を刺激するものとなるのであれば，「命じる」ためでもなく，「警告する」ためでもなく，「知らせる」ためでもない音がなぜ必要とされるのかについて，今一度考えてみる必要もあるのではないだろうか。

4．聞かせる音

　第13章で述べられていたような，共同体の中で一定の意味付けがなされた上で集団的な応答を求めるような音は，もちろんその社会の中では「聞くべき音」と考えられているといえる。社会の中に「聞くべき音」があるということは，それを「聞かせる音」として積極的に作り出していく可能性を生み出す。意図的に演奏された音楽というのはもちろん「聞かせる」ために作り出された音であるといってよいと思われるが，それ以外にも（何かを「知らせる」ためではなく）「聞かせる」ことを目的にした音がある。

　日本での「聞かせる音」の一例が風鈴であろう。軒下に吊るしておき，風が吹けば音を立てる風鈴だが，その音は風が吹いていることを知らせるための音ではなく，やはり音自体を聞かせるための音だといえよう。風鈴の音は涼を得るためにあるのだとも聞くが，風鈴の音を「涼しげな音」であるように感じることができるのは，やはりそのようにいわれて学習するものであろう。

　日本庭園にある鹿威しも，「聞かせる音」の一例となろう。竹の筒の端が岩に当たる音は辺りにかなり響く。人間の意図の関与なく音を立て

る虫の音と違い，造園者側が意図的に設置した仕掛けから発せられる音であるからには，明らかに聞かせるための音であるといえる。東倉・赤木・阪上・鈴木・中村・山田（1996b）は「音が出る度に一瞬静寂が破られる。それがかえってその後の静けさを強調するかのような，独特の効果を生み出す」（p.197）と述べているが，「聞かせる音」としての鹿威しの音によって，静寂を「聞かせる」効果を得るとは何とも言い得て妙である。東倉・赤木・阪上・鈴木・中村・山田（1996b）は水琴窟も同列に挙げている。

　同じ日本庭園のつながりで考えると，敢えて水音がするように作られた段差のある流れなども挙げられよう。ここでは水の音が「聞かせる音」なのである。日本庭園は自然との調和を指向した造園方法がとられるといわれるが，水音を「聞かせる音」として演出するのも，自然との調和の象徴としての役割なのかもしれない[3]。

5. 処方される音

　一般的に，「音」といえば「音楽」，あるいは，「騒音」として捉えられることが多い。「音楽」も「騒音」も，肯定的にも否定的にも，ある意味において価値付けられた「音」である。「音楽」は，その多くが「心地よさ」や「癒し」を感じることができる肯定的な音として，例えば，環境音楽として用いられたり，音楽療法に代表されるような形で心理療法などに用いられることもある。先に述べた「バックグラウンドミュージック」も環境音楽として用いられることが多々あるが，同じ音楽を聴いても，人によっては心地良さを感じたり，あるいは心地悪さを感じたりもし，個人差が大きいものでもある。ここには，心理的要素が多分に含まれている。「バックグラウンドミュージック」は，表だった

積極性というものではないが，空気のようにそこにあることで，心地よく過ごせる工夫の一つとして存在している。言い換えれば，一見消極的でありながら見えない積極的な音楽の処方ともいうことができる。「バックグラウンドミュージック」は，様々な店舗でかかっている。各店舗のイメージアップの戦略だったり，季節によって流す曲目を変えるなどの工夫が見られる。例えば，クリスマス近くになると，街角ではクリスマスソングが流れ，一層クリスマスムードを盛り立てている。これらは，商業戦略の面もあり得るが，環境音楽として，季節感を感じさせ，心地良くいられることの音の積極的利用の一つでもあろう。

　積極的な音楽の利用に音楽療法がある。音楽療法では，クライエントの気持ちに即した気分とテンポの音楽を処方するといった「同質の原理（iso principle）」（Altshuler, 1954）を大事にしている。例えば，気分が落ち込んだときには，短調のメロディに浸りたくなったり，元気の良いときには，アップテンポの長調の曲を聴きたくなる，といった心理的な作用に基づいている。逆に，気分の落ち込んだときに，アップテンポの元気な曲が聞こえてきたら，人によっては元気になれる場合もあるが，「うるさい騒音」と感じることも少なくなかろう。これでは治療にならず，かえって気分を害したり取り乱しかねない。これが，同質の原理の大切さである。

　音楽療法において，この同質の原理を利用した，「音楽をクライエントに処方する」といったものは，医療において薬を処方するという考え方に準じている。これは，私たちの精神生活に，積極的に「音（音楽）」を用いていく方法である。

6. 調和される音

　本科目では，音というものを「聞こえる」ことが前提として展開してきた。確かに，この世の中は，「音」に満ち溢れ，多種多様な音が，様々な形で私たちをとりまいている。

　これまで述べてきた「聞こえる音」「聞くべき音」「聞けてしまう音」

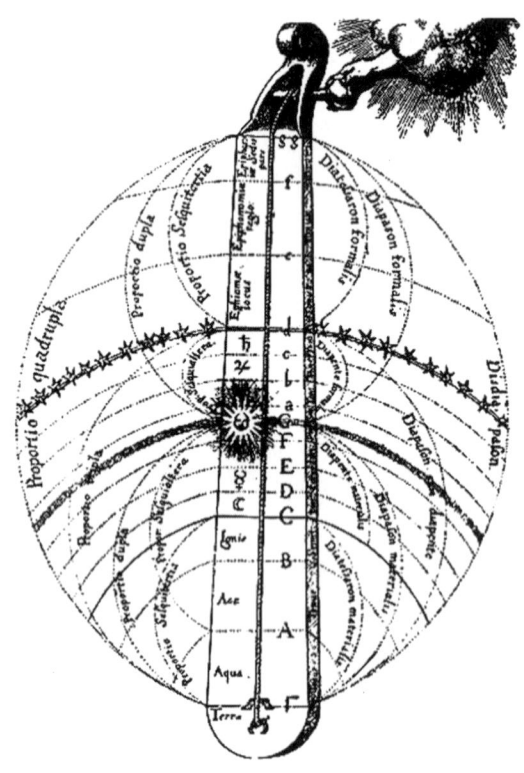

図15-1　宇宙の一弦琴　（出典：Robert Fludd(1617＝1621) *The metaphysical, physical, and technical history of the two worlds, namely the greater and the lesser*）